国际精神分析协会《当代弗洛伊德：转折点与重要议题》系列

# 论弗洛伊德的《创造性作家与白日梦》

On Freud's "Creative Writers and Day-Dreaming"

（美）埃塞尔·S.珀森（Ethel Spector Person）
（英）彼得·冯纳吉（Peter Fonagy） 著
（巴西）S.奥古斯托·菲格拉（Sérvulo Augusto Figueira）

吴珩 译

全国百佳图书出版单位

·北京·

On Freud's "Creative Writers and Day-Dreaming" by Ethel Spector Person, Peter Fonagy, Sérvulo Augusto Figueira

ISBN 978-1-85575-754-7

© 1995，2013 by Yale University. All rights reserved.

This edition published by KARNAC BOOKS LTD Publishers, represented by Cathy Miller Foreign Rights Agency, London, England.

Chinese language edition © Chemical Industry Press 2018

本书中文简体字版由 Karnac Books Ltd. 授权化学工业出版社独家出版发行。

未经许可，不得以任何方式复制或抄袭本书的任何部分，违者必究。

北京市版权局著作权合同登记号：01-2017-5841

**图书在版编目（CIP）数据**

论弗洛伊德的《创造性作家与白日梦》/（美）埃塞尔·S. 珀森（Ethel Spector Person），（英）彼得·冯纳吉（Peter Fonagy），（巴西）S. 奥古斯托·菲格拉著；吴珩译 . —北京：化学工业出版社，2018.12（2024.11重印）

（国际精神分析协会《当代弗洛伊德：转折点与重要议题》系列）

书名原文：On Freud's "Creative Writers and Day-Dreaming"

ISBN 978-7-122-33108-3

Ⅰ.①论… Ⅱ.①埃…②彼…③S…④吴… Ⅲ.①弗洛伊德（Freud，Sigmmund 1856-1939)-精神分析-研究 Ⅳ.①B84-065

中国版本图书馆 CIP 数据核字（2018）第 233586 号

---

责任编辑：赵玉欣　王新辉　　　　装帧设计：关　飞
责任校对：王素芹

---

出版发行：化学工业出版社（北京市东城区青年湖南街 13 号　邮政编码 100011）
印　　装：北京建宏印刷有限公司
710mm×1000mm　1/16　印张 12　字数 182 千字　2024 年 11 月北京第 1 版第 3 次印刷

---

购书咨询：010-64518888　　售后服务：010-64518899
网　　址：http://www.cip.com.cn
凡购买本书，如有缺损质量问题，本社销售中心负责调换。

---

定　　价：59.80 元　　　　　　　　　　　　　版权所有　违者必究

# 中文版推荐序
## PREFACE

这套书的出版是一个了不起的创意。发起者是精神分析领域里领袖级的人物，参与写作者是建树不凡的专家。在探索人类精神世界的旅途上，这些人一起做这样一件事情本身，就是一个奇迹。

每本书都按照一个格式：先是弗洛伊德的一篇论文，然后各领域的专家发表自己的看法。弗洛伊德的论文都是近百年前写的，在这个期间，伴随科学技术的日新月异，人类对自己的探索也取得了卓越成就，这些成就，体现在一篇篇对弗洛伊德的继承、批判和补充的论文中。

如果细读这些新的论文，就会发现两个特点：一是它们都没有超越弗洛伊德论文的大体框架，谈自恋的仍然在谈自恋，谈创造性的仍然在谈创造性；二是新论文都在试图发掘弗洛伊德的理论在新时代的新应用。这两个特点，都反映了弗洛伊德的某种不可超越性。

紧接着就有一个问题，弗洛伊德的不可超越性究竟是什么。当然不可超越有点绝对了，理论上并不成立，所以我们把这个问题改为，弗洛伊德难以超越的究竟是什么。答案也许有很多种，我的回答是：弗洛伊德的无与伦比的直觉。

大致说来，探索人的内心世界有三个工具。第一个工具是使用先进的科学仪器，了解大脑的结构和生化反应过程。在这个方向，最近几年形成了一门新型的学科，即神经精神分析。弗洛伊德曾经走过这个方向，他研究过鱼类的神经系统，但那时总体科技水平太低下，不足以用以研究复杂如大脑的对象。

第二个工具是统计学，即通过实证研究的大数据，获得关于人的心理规律的结论。各种心理测量的正常值范围，就是这样得出的。目前绝大部分心理学学术期刊的绝大部分论文，都是这个方向的研究成果展示。同样的，在弗洛伊德时代，这个工具还不完备。

第三个工具，也是最古老的工具，即人的直觉。直觉无关科技水平的高低，而关乎个人天赋。斯宾诺莎说，直觉是最高的知识，从探索的角度说，它也是最好的工具。弗洛伊德的直觉，有惊天地泣鬼神的魔力；他凭借直觉得出的那些结论，一次次冲击着人类传统的对人性的看法。

我尝试用弗洛伊德创建的理论，解释直觉到底是什么。直觉或许是力比多和攻击性极少压抑的状态，它们几无耗损地向被探索的客体投注；从关系角度来说，直觉的使用者既能跟被探索者融为一体，又能抽离而构建出旁观者的"清楚"；直觉还可能是一种全无自恋的状态，它把被探索者全息地呈现在眼前，不对其加以任何自恋性的修正，或者换句话说，直觉"允许"其探索的对象保持其真实面孔。这些特征一出来，我们就知道要保持敏锐而精确的直觉是多么不容易。

精神分析建立在弗洛伊德靠直觉得出的一些对人性的看法基础上。让人觉得吊诡的是，很多人在使用精神分析时，却是反直觉的。他们从理论到理论，从一个局部到另外一个局部，这显然是在防御使用直觉之后可能产生的焦虑：自身压抑的情感被唤起的焦虑，以及面对病人整体（直觉探索的对象是呈整体性的）而可能出现的失控的焦虑（整体过于巨大难以控制）。在纯粹使用分析方法的治疗师眼里，病人只是一堆零散的功能"器官"。所以，我经常对我的学生强调两点：一是在你分析之前、分析之后甚至分析之中，都别忘了使用你的直觉，来整体地理解病人的内心；二是把"人之常情"作为你做出一切判断的最高标准。后者其实也是在说直觉，因为何为"人之常情"，也是使用直觉后才得出的结论。

本丛书的编撰者精心挑选了弗洛伊德的五篇论文。这些论文所论述的问题，对我们身处的新时代应该也有重要意义。弗洛伊德曾经说，自从精神分析诞生之后，父母打孩子就不再有任何道理。在《一个被打的小孩》一文中，详尽描述了被打孩子的内心变化，相信任何读过并理解了弗洛伊德的观点的人，会放下自己举起的手。遗憾的是，在我们的文化土壤上，在精神分析诞生了118年（以《释梦》出版为标志）后的今天，仍然有人把"棍棒底下出孝子"视为育儿圭臬。

《创造性作家与白日梦》论述了创造性。目前的大背景是，中国制造正在转型为中国创造，这俨然已是国家战略最重要的一部分。但是，与此相关的很多方面都没有跟上来。弗洛伊德，以及该论文的评论者会告诉我们，我们实现国家梦想需要在何处着力。

在《群体心理学与自我分析》中，弗洛伊德论述了群体中的个体智力下降、情绪处于支配地位、容易见诸行动等"原始部落"特征，明眼人一看就知道，对这些特征的警惕，事关社会基本安全。

《论自恋》把我们带到了一个人类心灵的新的开阔地，后继者们在这片土地上建树颇丰。病理性自恋向外投射，便形成了千奇百怪的人际关系和社会现象。理解它们，有利于建构更加适宜子孙后代居住的精神家园。

《移情之爱的观察》，讲述了一个常见的临床问题，但又不仅仅是一个临床问题。它相当靠近终极问题，即一个人如何觉察和摆脱过去的限定，更充分地以此身此口此意活在此时此地。

在本书众多的作者中，我看到了一个熟悉的名字：哈罗德·布卢姆（Harold Blum）教授。他1997年到武汉旅游，参观了中德心理医院，到我家做客，我还安排了一个医生陪他去宜昌看三峡大坝。一直到9·11事件前后，我们都偶有电子邮件联系，再后来就"相忘江湖"了。专业人员不是相遇在现实，就是相遇在书中，这是交流正在发生的好现象，毕竟，真正的创造，只会发生在不同大脑的碰撞之中。

希望中国的精神科医生都读读这本书。我从不反对药物治疗，但我反对随意使用药物。医生们读了本书就会知道，理解病人所带来的美感，比使用药物所获得的控制感，更人性也更有疗愈价值，当然也更符合医患双方的利益。一个美好的社会不是建立在化学对大脑的改变上，而是建立在"因为懂得所以慈悲"的基础上。

  稍改动一位智者的话作为结尾：症状不是一个待解决的问题，而是一个正在展开的谜。

曾奇峰

2018 年 5 月 31 日于洛阳

# 前 言
FOREWORD

我们很高兴出版国际精神分析协会（IPA）系列论文集《当代弗洛伊德：转折点与重要议题》(*Contemporary Freud：Turning Points and Critical Issues*)的第四册。该系列的问世增进了不同地区间精神分析概念的交流。我们常常可以看到，在拉丁美洲、欧洲或美洲出版的原创忆作品，因为没有被翻译出来，以致其他语言地区的同事未能读到。因此，概念在不同地区间的相互交流仍存在滞后。为了克服（至少部分克服）这一问题，本系列每一册设计的初衷是呈现来自于不同国家或语言团体中重要学者和理论家的显要观点。为了落实这一目标，每一册都以或即将以 IPA 四种官方语言（英文、德文、法文和西班牙文）来出版。此外，这一系列的论文集也将以意大利文出版。

本系列的每个分册都采用统一的写作方法：开篇先呈现弗洛伊德的经典文本，然后由杰出的精神分析学者和理论家对该文本进行讨论。每位讨论者首先概述这篇论文的重要贡献和深远影响，澄清其中不明确的概念，然后也是最重要的，讨论者会以他们自己的教学或思考方式整理出弗洛伊德原文本中的重要思想与当代议题之间的发展路线。

我们对于先前几个分册已成为全世界范围内的教辅书感到高兴。我们希望每一位读者都能够去思考被提及的议题，并且与每一位杰出的作者进行内在对话。

按照惯例，文章和作者的选取由 IPA 出版委员会基于大型咨询委员会的建议和 IPA 主席（现任 R. Horacio Etchegoyen 主席）的意见来决定。出版委员会十分感激咨询委员会所提供的意见；没有来自世界各地的会员协助，我们无法统筹规划这本书的成形。该系列作者都是出类拔萃的人才。

感谢 IPA 行政主管瓦莱丽·塔夫内尔（Valerie Tufnell）以及 IPA 出版管理员贾尼丝·艾哈迈德（Janice Ahmed）负责有关统筹国际出版的细节事务，并以不变的耐心和善意协助我们处理困难。同时也向珀森博士（Dr. Person）的行政助理——琳达·达涅尔（Linda Dagnell）表示感谢，因为他协助追手稿和盯截止日。感谢格莱迪斯·托普金斯（Gladys Topkis）这位热诚、乐于奉献和有灵感的编辑。没有她和她的助理全程参与、不懈努力这本书不可能如期完成。

埃塞尔·S. 珀森❶（Ethel Spector Person）
彼得·冯纳吉❷（Peter Fonagy）
S. 奥古斯托·菲格拉❸（Sérvulo Augusto Figueira）

---

❶ 埃塞尔·S. 珀森是哥伦比亚大学精神分析培训和研究中心的培训分析师和培训督导师。她也是国际精神分析协会出版委员会的主席。

❷ 彼得·冯纳吉是伦敦安娜·弗洛伊德中心研究协调员；伦敦大学弗洛伊德纪念教授；国际精神分析协会司长；国际精神分析协会出版委员会副主席；英国精神分析学会会员。

❸ S. 奥古斯托·菲格拉是里约热内卢巴西精神分析学会的成员，也是英国精神分析学会的副成员。他是里约热内卢天主教大学心理学系研究生课程的负责人。他是里约热内卢巴西精神分析学会的前副主席和科学委员会主席。

# 目 录
## CONTENTS

001 **导论**
　　埃塞尔·S. 珀森（Ethel Spector Person）

015 **第一部分　《创造性作家与白日梦》**（1908，论文原文）

017 　创造性作家与白日梦（1908）
　　西格蒙德·弗洛伊德（Sigmund Freud）

025 **第二部分　关于《创造性作家与白日梦》的讨论**

027 　一篇启发世人的杰作
　　马科斯·阿吉尼斯（Marcos Aguinis）（著）/菲利普·斯洛特金（Philip Slotkin）（英译者）

042 　《创造性作家与白日梦》的现代观点
　　哈利·特鲁斯曼（Harry Trosman）

048 　白日梦的临床价值及其在性格分析中的作用
　　哈罗德·P. 布卢姆（Harold P. Blum）

060 　关于幻想和创造力的一些反思
　　乔斯·A. 因方特（José A. Infante）

070 　创造性作家的无意识幻想、认同和投射
　　约瑟夫·桑德勒、安妮·玛丽·桑德勒（Joseph Sandler & Anne-Marie Sandler）

| 084 | 幻想和小说中的现实与非现实
　　　　罗纳德·布里顿（Ronald Britton）
| 107 | 《创造性作家与白日梦》——一篇评论
　　　　珍妮·查舍古特·斯密盖尔（Janine Chasseguet-Smirgel）（著）/菲利普·斯洛特金（Philip Slotkin）（英译者）
| 121 | 创造性作家和梦-工作-阿尔法
　　　　伊丽莎白·比安凯迪（Elizabeth Tabak de Bianchedi）
| 131 | 幻想与超越——以当代发育学的视角看待弗洛伊德的《创造性作家与白日梦》
　　　　罗伯特·N. 埃姆德（Robert N. Emde）
| 160 | 《创造性作家与白日梦》——一个局限性的观点
　　　　摩西·兰姆利奇（Moisés Lemlij）

| 180 | **专业名词英中文对照表**

# 导　论

埃塞尔·S. 珀森（Ethel Spector Person）

弗洛伊德的《创造性作家与白日梦》，于1907年，面向大约90名知识分子做了第一次演说。诚如马科斯·阿吉尼斯（Marcos Aguinis）所告诉我们的，弗洛伊德使幻想成为对当时制式陈腐学术界所投下的第四波巨大冲击，而前三者则分别是他对梦、失误（parapraxes）及笑话的研究。这篇文章，正处于精神分析的两大主流——幻想和应用精神分析的分界点的源头。一方面，它揭露白日梦的起源及其与儿童游戏间的关系；另一方面，这是弗洛伊德对创作历程的最直接探索。然而，这篇文章对白日梦比对作家有较多的探讨。就如同弗洛伊德所言："虽然我将作家置于文章标题的第一位，但是必须让大众了解的是，我对于作家的着墨远远比书写幻想的内容要少。"

在文章的开头，弗洛伊德着手于寻找将一般人与作家联系起来的某种因素。他认为"在游戏过程中，每个儿童的行为表现就像个创造性作家。在游戏中，他们创造了属于他们自己的世界"。对于游戏中的儿童和创造性作家而言，他们皆投身于幻想，即一种想象能力的展现。他们非常认真地展现他们的活动，以及他们皆能区分他们源于想象的创作与现实。他们之间的区别仅在于，儿童在游戏中"把想象中的客体和情境与现实世界中有形、看得见的事物加以联结"，例如儿童在幻想中让赛车驰骋，会用椅子假装是汽车。

然而，在儿童的发育过程中，儿童终究会停止游戏，以幻想——白日梦或空中楼阁的形式来代替。就如同弗洛伊德所指出的："我们不可能放弃任何事情；我们仅能将某事物和另一事物作转换。"幻想能弥补放弃游戏造成的愉悦感丧失——而且有时幽默也有相同作用。成人并不像儿童对于游戏那样是开放的，成人会因羞耻心而将幻想保留于个人本身。我们之所以对幻想有所了解，是因为病人对我们有所表露。

从弗洛伊德与其病人的经验来看，他认为"一个幸福的人是从来不会去幻想的，只有那些愿望未获得满足的人才会。幻想的动力来源，乃是未获得满足的愿望，每一个幻想就是一个愿望的实现，是对让人不满意的现实的校正"。就幻想的内容而言，弗洛伊德认为情欲的愿望在女性身上盘踞重要地位；在男性身上，自我的、进取的愿望结合在一起，并与性愿望并驾齐驱。弗洛伊德举了一个绝妙的例子——一个家庭罗曼史的衍生物，但不是一个特别标签化的。当一个穷困的孤儿获知一名潜在的雇主地址，在去拜访的路上，他可能沉溺于白日梦中：他得到这份工作，他深受新雇主的器重，在职场中他是无可取代的，被雇主的家庭所接纳，进而与雇主家中年轻貌美的女孩结婚，随后他便成为这家企业的主管，由最初是他岳父的合伙人，然后变成继承人。［事实上，从现在开始我们可以了解到，弗洛伊德对于不同性别二分式地归纳幻想内容并不成功。但特别值得注意的是，在摩西·兰姆利奇（Moisés Lemlij）的章节中，这个幻想若是浮现在秘鲁的孤儿内心将如何表现；很快地可注意到某些白日梦的内容亦呈现出文化特性。］

就如同弗洛伊德指出，在孤儿的幻想中，白日梦者可以重获早期童年不曾拥有却假想拥有的快乐感受。因此，白日梦"会利用一个现时所出现的场合，以过去的经验作为基础，去建构出一个未来的景象"。弗洛伊德指出，幻想与时间的关联性是非常重要的。幻想由当下的事件所诱发，并唤起愿望曾被满足的记忆。同时，"创造一个与未来相关的情境，代表愿望的实现"。在此，弗洛伊德呈现一个模式，幻想不仅是替代品，同时提供对未来真实生活的可能适应模式［罗伯特·埃姆德（Robert Emde）在其章节中所表明的立场］。

弗洛伊德间接地指出幻想在神经症（nervous illness）和精神病患者中所扮演的角色，以及讨论了它们与梦的关系。他确信语言呈现出了夜间梦与白日梦间的密切关系。对我们而言，梦的意义是隐晦的，因为那些令我们感到羞涩继而被潜抑的愿望通过梦的内容呈现，而获得想象性的满足。夜间梦和白日梦"都是以相同方式"实现愿望的满足。这样的洞察预示了弗洛伊德思考的变化——在他的晚期工作中得到体现——转向无意识幻想的本质和来源。

接着说到创造性作家，弗洛伊德选择聚焦于流行浪漫小说家这一类型。虽然小说与白日梦是截然不同的，但是弗洛伊德相信有时可以捕捉到白日梦和艺术作品间的过渡。小说主角被塑造为不会受伤的英雄——各种唯我独尊的自我——就如同白日梦的主角。所以，小说的创作过程也如同幻想的形成。弗洛伊德认为，就作家而言，"作家此时的强烈经验唤起一段早期经历的回忆（通常来自作者的孩童时代），由此产生一个期望在创作过程中获得满足。作品本身展现了此时的诱发情境和早年记忆等因素"。弗洛伊德也将精神分析的质疑方式引入美学领域，提出疑问探究读者从小说中获得快乐的来源。另外，弗洛伊德对于后续精神分析关于文化议题提出意义深远的观点："神话极可能是……整个族群的愿望幻想的扭曲遗迹，是早期人类的世俗梦想。"

《创造性作家与白日梦》是弗洛伊德早期的作品之一，成稿时正值其理论尚未完全成形的时候——例如，结构理论（structural theory）尚未完整阐述；然而，这篇高度浓缩的文章，在仅仅 11 页的篇幅中显著呈现了丰富的见解。其两个主题——幻想和创造力——在精神分析式思考下，相继经历诸多修正，包含弗洛伊德本身作品的演变，在此处我仅能以最概略的方式来陈述。

弗洛伊德的心灵地形模型（topographical model）于 1900 年在《梦的解析》中提出，奠定了深层次心理学。在此模型中，无意识幻想大多藉由白日梦曾浮现于意识层面，但是又藉由潜抑而无意识化。虽然诸如此类的幻想最初在儿童期被接受，但是儿童期过后由于会引发冲突而随即被潜抑。依无意识愿望不被接受程度的不同，以不同形态浮现于意识表层以获得满足，例如白日梦、梦、症状，以及许多其他变化的形式。

然而，弗洛伊德思考着除了潜抑的梦以外，其他可解释无意识幻想的方式。弗洛伊德已放弃寻找外在的创伤解释神经症，但他仍致力于探索决定性的病因。他注意到某些幻想具有普遍性，他逐渐深信幻想乃是位于神经症核心的基本现象，并且考虑到无意识幻想的神话形式，本质上并非个体的记忆而是种族的记忆（与他在《创造性作家与白日梦》所提的想法相似）。在这样的背景下，他慎重地考量被他称为"*Urphantasien*"的可能性，也就是原始或原初的幻想。但是，经过漫长的时间，弗洛伊德的理论中原初幻想的概念已边缘化。

弗洛伊德坚持尝试探讨无意识的本质和结构，他提出第一个理论，然后再提出另一个。但是他始终认为，无意识可藉由科学性分析所触及，因为他视无意识为"一个结构场域，由于它的组成成分可依某特定的原则予以处理、解构、重构，所以可以再建构"（Laplanche & Pontalis, 1986：16）。最终，超越了种系发展学（泛种族记忆以神话的形式承袭的理论），他构建出一个理论，认为内生的性的发展以及性本能产生的愿望和幻想，特别是与俄狄浦斯情结相关的，才是无意识幻想生活的真实组织者。所以，他视性欲为推动白日梦实现愿望的驱动力量（后续他补充了攻击欲望）。

起初，无意识幻想这名词本质上等于本能愿望的心理表征。然而，伴随地形学理论演变至结构理论，对于无意识幻想组成的认知亦有所修正。更新的观点认为幻想不仅包含原初的愿望，亦包含因抗拒它而产生的防御。

雅各布·阿洛（Jacob Arlow）是将弗洛伊德晚期思考做最详尽阐述的分析师之一。就阿洛而言，意识到无意识之间的白日梦是一个连续谱系，所有的幻想皆显示自我统整功能的强烈影响。因此，所有的幻想或多或少组织与整合了驱力、防御、超我导向和现实考量。在阿洛的观点中，每一个个体将少数仅有的婴儿期愿望组织发展成为一系列的幻想层级。在序贯的发展阶段中，每一个幻想呈现出不同的版本。幻想的最终版本居于个体身份认同感的中心。大多数的北美自我心理学家不再认为无意识幻想是与驱力共存的；相反地，他们普遍认为无意识幻想本质上与无意识冲突等同。（理论的转变引领并促使了技术上发生改变。精神分析的目标不再致力于将无意识意识化，而是分析防御机制，并解构无意识冲突的组成成分。）

但是，精神分析中关于幻想形成的观点在不同的地区和不同的理论学派呈现分歧，在弗洛伊德学派和克莱茵学派之间分歧尤为显著。克莱茵学派的精神分析师认为个体先天具有无意识幻想，并以意识幻想（fantasy 以 f 开头）和无意识幻想（phantasy 以 ph 开头）作区分。后者被视为无意识心理过程的主要内容，本质上与驱力并存。相较于克莱茵学派，弗洛伊德学派则假定幻想有赖于辨别幻想与现实的能力，幻想是建构的而非内生的，伴随经验的形成而生，与现实事件的记忆相关联，而又通过愿望性的观念对知觉产生影响来扭曲现实以获得［但是分析师常常是跨两种流派的，例如哈利·特鲁斯曼（Harry Trosman）区别了内生的幻想和个人特异经验相关的幻想］。相较于弗洛伊德学派，克莱茵学派假定在婴儿期最早的阶段即有幻想存在，而且幻想的本质是与人际关系的表征有所关联（内化的客体关系）。

在此我暂且搁置许多学派的卓越贡献，包括弗洛伊德学派、克莱茵学派、自我心理学派、客体关系学派和拉康学派，尽管这些在后续诸多的章节中提及。事实上，我们非常幸运，10位学者对幻想的精神分析理论和应用精神分析中的疑难困惑与转折变化之处进行了反复论述。每一位学者运用其自身的方式，向我们展示了1908年至今人类思维的众多转变，完成了不起的工作。

马科斯·阿吉尼斯（Marcos Aguinis）是一位大师级的作家，以极富有吸引力的方式展开我们对弗洛伊德这篇文章的探索。他向我们展示了一幅生动的画面，让我们重温了弗洛伊德在其出版商雨果·海勒（Hugo Heller）（一位书商，同时也是维也纳精神分析学会的会员）的房间内宣读那篇文章的精彩瞬间，同时让我们感受到当天聚会中激动人心的气氛。阿吉尼斯告诉我们，那篇文章的"主题在人物与事件间摇摆"，即是在作家与白日梦之间摇摆。他追溯弗洛伊德所描绘的创造性作家与游戏中的儿童之间的平行关系。最重要的是，阿吉尼斯阐述弗洛伊德赋予幻想多么"实质的重要性"，以及他如何建构幻想与病理和梦两者之间的关系。阿吉尼斯也追溯了有关幻想的历史，从弗洛伊德早期对白日梦的构想直到现今我们的观念。他强调幻想与记忆、幻想与现实这两个重要议题之间的关系。阿吉尼斯不仅区分精神现实与外在现实间的不同，而且将外在现实划分为物质现实和历史现实。他分辨出以性本能和俄狄浦斯情结胜过个人经验的性幻想，以及以个人经验为主导的婴儿性理论。他还区分了幻想的三种形式：意识的、无意识的和原初的。

阿吉尼斯继续论述弗洛伊德对作家神奇创作的理解。阿吉尼斯观察到弗洛伊德的文章以热情的口吻收尾，提出了创造力和幻想带领我们进入"一个新的、有趣的、复杂的探索领域"。阿吉尼斯指出，事实上，在应用精神分析的主题中"从精神分析工作坊所汇集的过多资料涌向前方"。但是，这样的热诚终究导致特定的错误。随之而来的批评即是，早期精神分析尝试对艺术家撰写个案历史，因缺乏主角自身的自由联想、移情和阻抗，而且仅可能经由活生生的个体得以验证，以致该尝试终究有局限。阿吉尼斯认为应用式分析在当代的目标是要使文学批评更加丰满，"并不是为了描绘心理，而是为了理解文学作品"。

哈利·特鲁斯曼展示了令人信服的教学文本。他将弗洛伊德的这篇作品置于历史的脉络中,与弗洛伊德对创造性的思考作对比,并将其视为弗洛伊德早期对威廉·杰森(Wilhelm Jensen)的小说"*Gradiva*"(《格拉迪瓦》)研究的延伸。特鲁斯曼指出,对于创造力的一连串精神分析式调查以三个主要领域为目标:①对文学作品的研究可作为传记研究的线索;②文学作品本身的分析;③创造力来源的研究。特鲁斯曼将《创造性作家与白日梦》视为第三类中的一例。弗洛伊德的文章虽不能解开创造力之谜(或许也别无他法),却指明了幻想居于创造力的核心地位。特鲁斯曼认为弗洛伊德此文引领我们朝着"如何拥有愉悦体验"的方向思考。他提出重要的论点,即创作中的愉悦感存在于自我之中而不只是驱力的表现。

就如同特鲁斯曼所言,弗洛伊德建构了幻想与创造力间的关系,进一步联结白日梦与儿童游戏间的关系。虽然作为弗洛伊德非常早期的作品,大部分着墨于白日梦,但是文章引领我们去探索无意识幻想。后续的观点对白日梦与较古老的原初幻想形式之间的差异进行较充分的区别。白日梦是指"具有强烈的防卫特性、英雄坚韧品质、被满足的愉悦以及浪漫思想,从较原初形式(的幻想)中解脱"。而较古老的原初幻想则包括"普遍存在的无意识幻想"和与个人经验相关的"特殊的、个人化的幻想"。这些原始幻想具有非常强烈的引发焦虑和罪恶感的特质,足以解释为何要将他们潜抑。正因为是弗洛伊德的早期著作,这些无意识幻想的本质尚未被揭露和探讨。

哈罗德·P. 布卢姆(Harold P. Blum)视《创造性作家与白日梦》是"将精神分析运用于文化的代表作",乃因弗洛伊德对神话和愿望幻想间关系的独特洞见。但是,布卢姆的独创见解在于强调意识幻想本身,并且论述它的诸多方面及其与无意识幻想之间的关系。布卢姆著作的主要贡献是报告了一个个案,个案中报告了一个重复出现的、刻板的、持续的白日梦对他的病人人格的整合与成形产生影响,而这与无意识幻想的影响截然不同。这是一个重要的观点,对传统的认为白日梦仅提供替代性满足的观点提出挑战。

乔斯·A. 因方特(José A. Infante)提到,弗洛伊德在《创造性作家与白日梦》结尾总结处指出新的探索即将开始。因方特提到,对"幻想在心理现象中的一般性角色和在艺术家创作中的独特角色"的探索事实上已迅速展开。紧接着他以幻想为线索深入全面地回顾了他认为最重要的会议和研讨会，尤其是 1963 年斯德哥尔摩的 IPA 会议［1964 年发表于《国际精神分析杂志》（*International Journal of Psycho-Analysis*）］、1978 年布宜诺斯艾利斯的圆桌会议［同年发表于《精神分析杂志》（*Revista de Psicoanálisis*）］、1989 年海曼（Hayman）对弗洛伊德-克莱茵"争议讨论会"（Controversial Discussions）的论述，以及 1990 年美国精神分析学会的一个小型会议。

因方特主要探讨弗洛伊德学派和克莱茵学派两者对幻想建构方式的差异。他的论述是，弗洛伊德将幻想局限于某一范畴，相对而言，克莱茵学派却视幻想为所有较高层次心理活动的基础。就弗洛伊德而言，幻想是受挫愿望的想象性满足；但就克莱茵而言，幻想是无意识心智活动的原始内容，是本能的心智表征。因方特引用威利·巴朗热（Willy Baranger）的话去论述，就某些克莱茵学派的学者而言，无意识幻想等同于无意识这个概念本身。他亦提及其他理论以增进我们对幻想的理解，例如，谢恩等（Shanes）提出的整体幻想（global fantasy）概念。他喜欢称之为"命运的幻想"（phantasies of fate），并认为其与精神分析过程紧密相连。我们深深感激因方特对幻想的不同理论作出的细致的描述与有见地的整合。

因方特也论述了幻想在艺术创作中的作用。论述内容层次丰富，在此我仅列举一二。他指出，汉娜·西格尔（Hanna Segal）将艺术的冲动视为"与克莱茵学派的忧郁气质（depressive position）尤为相关，同时与修复内在世界破损或修复失去客体的需求极为相关"（该观念在当今非常盛行）。因方特认可艺术创作在许多方面就如同做梦一样，"常常代表了被潜抑愿望的实现，或者为修通创伤或者那些哀悼的场景所做的尝试"，以及"有时用于传递讯息"。

约瑟夫·桑德勒（Joseph Sandler）和安妮·玛丽·桑德勒（Anne-Marie Sandler）是当代弗洛伊德理论的提倡者，认为弗洛伊德的这篇文章是件"卓越的作品"。他们从弗洛伊德文章对有意识的幻想之注解着手，说明弗洛伊德如何建构有意识的白日梦和夜间梦之间的关系，将潜抑的无意识愿望带入理论的场域。他们提出重要的论点："'无意识幻想'并不是简单概念，同时我们需要提醒自己，精神分析所指的无意识这个名词"，就如同艾布拉姆斯（Abrams）所指出的，会被视为"字典编辑者的噩梦"

（lexicographer's nightmare）。两位继续阐释弗洛伊德的地形模型，认为该模型持续地显示出结构理论所没有的优势。如同安娜·弗洛伊德（Anna Freud）[不同于雅各布·阿洛（Jacob Arlow）和查尔斯·布伦纳（Charles Brenner）]，他们并不认为必须要在地形模型和结构理论之间二选一，而是可以兼而取之。地形模型证明了他们对"现在无意识"（present unconscious）的描述至关重要。现在无意识包含的幻想——即便是过去无意识的衍生物——强调由当前事件所引发的冲动和幻想，必须通过"当前的这个人"去处理。两位同时强调，我们目前关于幻想背后动机的认识已扩大到包括自恋的调适和安全感的获得——而非仅是本能的满足。

两位深入探索、揣摩理解创造性作家及其读者心理。他们认为创造力并非仅是自我功能退行的产物，也是"现在无意识和意识间的压抑，在有节制地放松"。为艺术创作产生不竭动力的幻想来自于无意识幻想，植根于当前无意识的无意识幻想。

两位认为，作家通过自身能力，产生原发性认同（primary identification），并在自我与他人的边界间来来回回，有能力同时"投射与认同自我和客体的这些方面，并体验他们之间的相互关系，就如同他的著作所呈现的"。依据桑德勒的观点，如此相应地允许"某创造性作品的读者去解构（至少部分地）存在于该作品背后的无意识幻想"。读者对作家所使用的原发性认同表示赞赏并从中获得乐趣。

罗纳德·布里顿（Ronald Britton）将幻想分成两类：始终存在于无意识的无意识幻想以及后续被潜抑的满足愿望的叙事。他对弗洛伊德1908年的文章批评道，由于弗洛伊德过度强调满足愿望的叙事，以至于没有分辨"某些小说寻求真相的功能，另一些小说规避真相的功能"。又谈到梅兰妮·克莱茵（Melanie Klein）的观点，布里顿的见解相当有趣，他指出克莱茵（Klein）认为在她心中自己只不过是在弗洛伊德的作品上发挥，因此她所扩大的幻想概念是不致有争议的。她视自己为弗洛伊德早期的伙伴费伦奇（Ferenczi）和亚伯拉罕（Abraham）的概念的整合者，而这两位学者分别是克莱茵的分析师和老师。就费伦奇而言，"婴儿通过认同他自己身体各个部分的觉知世界，并赋予它重要的象征意义"，然而，亚伯拉罕则指出食人幻想来源于发育过程中的口欲期。这两个观点皆暗示了幻想具有本能属性，存在于生命的最早时期。弗洛伊德主张幻想来源于内化的游戏，而克莱茵认为游戏本身即是无意识幻想的分支。

布里顿精彩地概述了克莱茵的理论，以及在此基础上由拜昂（Bion）和西格尔（Segal）进一步所做的修改。他通过对这些理论家以及温尼科特（Winnicott）的作品的深入理解，从自己对想象和文学的理解着手展开讨论，特别区分了逃避现实（escapism，与满足愿望的叙事相关）和严肃的文学创作（与无意识的心理真实相关）。

珍妮·查舍古特·斯密盖尔（Janine Chasseguet-Smirgel）通过对自恋在发育过程中的角色进行原创性阐述，加深我们对创造力的理解。她认为某些无意识的幻想"最初与躯体感觉相联结而非依附于语言和视觉表征"。她称这些现象为"原始的幻想脉络"（primary matrices of phantasy）。与满足体验相联结的是内化的好的客体的概念，而与满足缺失相联结的是迫害客体的存在。查舍古特·斯密盖尔（Chasseguet-Smirgel）同梅兰妮·克莱茵一样，认为无意识由客体关系组成。而心理活动则是对这些不同客体间关系的一系列幻想。另外，查舍古特·斯密盖尔受到白日梦与幻想脉络之间差异的启发，她发现，如果仅将白日梦应用于艺术，只能产出二流作品（second-rate product）。真正的艺术创作必须具备"与无意识最原始层次沟通的能力"。为了使论述更为清楚，她将笔墨转向评鉴抽象（几何）画，其中一些伟大的代表作展现了与原始的幻想脉络的再次碰撞。

查舍古特·斯密盖尔探讨了自恋在发育中的作用，该讨论以弗洛伊德1908年的精辟观察为起始展开："我们并不能放弃任何事物，我们仅能以一物换另一物。"这一提法是弗洛伊德关于自我理想（ego ideal）工作的直接前身，而这一心理媒介被视为原发性自恋完美意象的替代，并且承袭那个自恋。查舍古特·斯密盖尔在自我理想和认同过程的理解方面作出了卓越贡献，她将实现个人自我理想的（倒错的）捷径（与母亲融合）与"引导个体受制于俄狄浦斯情结和生殖力"的长期路径相区别。她认为，倒错的产物造成一种虚假（falsehood）的状态（尽管她谨慎地说，有些倒错的个体可以创作出真实的艺术），而长期路径会产生较为真实的艺术作品。矛盾的是，

"非真实的"创作发挥出某种魅力,而真实的作品却很少如此。至此,她对真实的创造力的理解与布里顿在其章节所论述的观点非常相近。

本书中几位评论者皆提及拜昂（Bion）理论,伊丽莎白·比安凯迪（Elizabeth T. de Bianchedi）也是其中之一,甚为庆幸的是她依循弗洛伊德、克莱茵至拜昂的理论发展脉络来论述。就如同她所指出的,拜昂将思考定义为"有待解决的问题"。问题本身由一组伴随挫折的偏见（preconception）而引发,或是由我们称之为负面理解（negative realization）的东西引发。在拜昂的理论架构中,逃避挫折会引起幻觉,而忍受挫折则会引发思考。在发育过程中,接收、涵容、转化那些婴儿所无法处理的情绪是母亲的功能。拜昂所称的遐想（reverie）是指母亲的内在历程,母亲通过"阿尔法功能"（alpha-function）来转化那些未消化的情绪,婴儿将"贝塔元素"传递回母体,转变为"个人的想象经验"。就如同比安凯迪所指出的,"在涵容与被涵容关系间的转化（涵容者是指母亲的心智,被涵容的则是指婴儿的投射）通过母亲的功能得以实现,即是拜昂所谓的'阿尔法功能'"。婴儿可以内向性投射涵容者与被涵容的关系,作为"他自己阿尔法功能的要素之一"[埃姆德（Emde）在其章节用类似的方式探讨了母婴共同创作可激发游戏]。比安凯迪进一步将这种基本的相互作用与理解个人的美学和诗学相关联。拜昂自己曾经提出是否神话的产生并不是阿尔法的必需功能这一问题。依据比安凯迪的观点,公众神话[白日梦,奥克塔维奥·帕斯（Octavio Paz）所称的"我们命运的神秘符号"（hieroglyphics of our destiny）]"与个人神话的区别在于时间上更具持久性,可传递数千年,是灵感与理解的重要资源,尽管需要持久的重新诠释"。

罗伯特·埃姆德（Robert Emde）采用现代生物学和发育学的取向,重新建构了幻想的概念。他从观察游戏具有适应性入手,提出幻想具有适应性、未来指向的功能。正如早期的游戏有赖于分享,因而得出分享的意义可能是幻想的成分之一。埃姆德提供了非常有趣的观察,程序性知识与我们对规则和技术操作（且在无意识的心智活动中运作——有别于无意识）的理解有关,与儿童对于心智工作的隐晦（程序性）知识相对应。埃姆德这样表述道:"儿童会在多大程度上学习动机的程序性'语法'及其动态后果呢?其规则并没有以一种可能成为意识的方式表现出来。"

埃姆德所写的章节主要指出，未来预期对于幻想的成形和其他认知过程的形成具有重要作用。当埃姆德思考创作历程时，他同样引入了发育学研究和认知科学的新发现。将幻想和创造力两者均置于发育学视角之下，使我们的关注点发生转变。埃姆德指出："如今的发育学可被理解为一种日益复杂的生物学。发育历程贯穿一生，通过与重要他人建立关系所促成，并深受文化的影响。"共同创作和相互影响是埃姆德探讨的重要议题，我们也很容易将这些与精神分析中的幻想分享相联结。埃姆德认为，创造力"远超过幻想，它包含想象的对话，以及成人发展中许多与重要他人所分享的经验成果"。

在本册书籍中，摩西·兰姆利奇（Moises Lemlij）独树一帜，营造出诗歌般的氛围。这是一个非常成功的策略，有助于理解文学如何展现梦境与现实间的复杂关系。兰姆利奇的贡献胜过其他人，他也关注我们的文化传承如何塑造幻想和梦境的本质。他谈到诗人乔斯·M. 阿格达斯（José Maria Arguedas）在历经一次的自杀未遂后，被问到要如何防止再度自杀。阿格达斯（Arguedas）回答："防止西班牙征服者的到来。"这是对个体心智与其发展的文化间彼此交织的精辟注解。最后总结部分，兰姆利奇对媒介（intermediation）机制作出了的精辟讨论——叙事者借助媒介物"将自己与其心智世界拉开双倍距离，同时强化了这段距离，于是被叙述的内容构成了另一个人的梦境"。兰姆利奇的作品唤起了真实与虚构的文化互动。

以上简要概述不足以体现本书中作品的深度。书中每篇论文均明确揭示或以建议的方式提出了对弗洛伊德文章的新洞见，编排在一起，便于读者品读这些与幻想和创造力相关的内容翔实而又处于发展演化中的文学作品。由于本书中的评论者理论背景丰富多样，因而不仅解读了西格蒙德·弗洛伊德（Sigmund Freud）和梅兰妮·克莱茵的理论，同时亦包括汉娜·西格尔、苏珊·艾萨克斯（Susan Isaacs）、威尔弗雷德·拜昂（Wilfred Bion）、唐纳德·温尼科特（Donald Winnicott）的理论，也囊括本书所有评论者本人在内的许多优秀评论家的思想。

读者必须注意的是，正是由于幻想的理论不同，所以幻想的意义和拼写也有所不同。一般而言，北美倾向使用"f"开头的幻想（fantasy），英系分析师则使用"ph"开头的幻想（phantasy），但是，克莱茵学派常常以字母开头来区分意识幻想（conscious Fantasy）和无意识幻想（unconscious Phantasy）。由于幻想的意义是特定的，取决于分析师的受训传统及其所代表的理论派别，所以我们觉得较为合理的方法是保留作者原文中的拼写方式，而非试图将其标准化。如果我们注意词汇的拼写，就应该依据其所在的文本脉络来理解该词汇的含义，切记不能交替参考应用于其他文章，如此才能避免混淆。

## 参 考 文 献

Arlow, J. 1969a. Unconscious fantasy and disturbances of conscious experience. *Psychoanal. Quart.* 38:1-17.

———. 1969b. Fantasy, memory, and reality testing. *Psychoanal. Quart.* 38:28-51.

Freud, S. 1908 [1907]. Creative writers and day-dreaming. *S.E.* 9:143-53.

Laplanche, J., and Pontalis, J.-B. 1986 [1968]. Fantasy and the origins of sexuality. In *Formations of fantasy,* ed. V. Burgin, J. Donald, and C. Kaplan, 5-34. London and New York: Methuen. Reprinted from *Int. J. Psycho-Anal.,* 1968.

# 第一部分
## 《创造性作家与白日梦》
(1908,论文原文)

# 创造性作家与白日梦（1908）

西格蒙德·弗洛伊德（Sigmund Freud）

我们这些门外汉总是怀着极度的好奇心去了解——正如向阿里奥斯托（Ariosto）❶ 提出相似问题的那位红衣主教——创造性作家，那个奇特的人，会从何种非比寻常的资源入手发掘素材，对其又如何进行加工组织使我们产生如此深刻的印象，并在我们心中激起连自己都不曾料想的情绪。假如我们求教这位作家，他本人并未给出解释，抑或是解释无法令人满意，事实上，也只会让我们对作家的兴趣愈加浓厚。此外，即使我们对他如何选取素材和创作想象形式的艺术本质了如指掌，也无益于让我们自己成为创造性作家，并且也丝毫不会削弱我们对作家的兴趣。

假如我们至少能够发现我们自己或与我们相似的人从事某种与创造性写作相类似的活动！检视这种创造性活动使我们燃起希望，对作家们的创作进行阐释。的确，这种情况的可能性是有的。毕竟，作家们本身也喜欢缩短他们自己本性与人类一般共性之间的差距；所以，他们常常肯定我们的想法，使我们深信每个人在心灵深处都是一个诗人，而且只要有人，就有诗人。

我们不该去追溯早在儿童期就出现的想象力发育的首个轨迹吗？儿童最爱和最投入的活动，就是他们的游戏。难道我们不可以说每一个游戏中的孩子表现出的行为就像一名创造性作家？在游戏中，孩子们创造了属于他们自己的世界，或者用自己满意的方式重新排列组合了那些属于他们世界的事

---

❶ 红衣主教伊波里托·德埃斯特（Ippolito d'Este）是阿里奥斯托的第一个保护人，阿里奥斯托的《疯狂的奥兰多》（*Orlando Furioso*）就是献给他的。诗人得到的唯一报答是红衣主教提出的问题："罗多维柯（Lodovico），你从哪儿找到这么多故事？"

物。如果我们认为儿童对待他们世界的方式不够严肃，那就错了；恰恰相反，他们很认真地对待他们的游戏，并且在上面倾注了丰富的情感。游戏的反面，并不是严肃认真，而是实实在在。尽管儿童在游戏世界投注大量的情感，但他们仍能够妥善区分现实与游戏；同时，他们喜欢把想象中的客体和情境与现实世界中有形的、看得见的事物联系起来。这种联系即是区分儿童的"游戏"与"幻想"的依据。

创造性作家的工作与儿童在游戏时的表现是一样的。他非常认真地创造了一个幻想世界——在其中倾注了大量的情感——同时他又严格地将其与现实世界区别开来。语言保留了儿童的游戏和诗歌创作间的这种关系。（在德语中）这种富于想象力的创作形式被称为"*Spiel*"（"戏剧"，"play"），它与现实世界中的事物相联系，同时亦具有表现力。它被称之为"喜剧"或"悲剧"（"*Lustspiel*"或"*Trauerspiel*"：字面上的意义即"快乐的游戏"或"悲伤的游戏"），并且将这些表演的人称为"表演者"（"*Schauspieler*"，"player"：字面上的意义即"喜剧表演者"）。然而，作家想象世界的非真实性对其艺术创作有着举足轻重的作用，因为就很多事情而言就是这样，如果它们是真实的，则不能给人带来快乐，但如果将其置于虚构的创作中，则会带来快乐。有许多扣人心弦的事件，就其本身而言，事实上是令人痛苦的，但是却能通过作家的创作给听众或观众带来快乐。

这里还有另外一个顾虑，为此我们会多花些时间探讨现实与游戏的对照。当儿童已经长大成人、不再玩游戏了，在他经过几十年的努力以符合规范、谨慎严肃的态度面对现实生活后，或许某一天他会发现自己再一次地处于不区分游戏与现实的心理状态。作为一个成年人，他能够回顾儿时对游戏的那份沉迷与认真；同时，如果把表面上严肃的职业与儿时的游戏等同起来，他可以摆脱生活所强加给他的沉重负担，从而通过幽默获得大量的快乐❶。

随着人们逐渐长大，他们放弃了游戏，而且似乎连那些在游戏中获得的快乐也一并放弃了。然而，只要是了解人类心灵的人都知道，没有比放弃曾经获得的欢乐更困难的事了。事实上，我们从不放弃任何事物，我们仅能以

---

❶ 参阅弗洛伊德的《诙谐及其与潜意识的关系》（1905c）第7章第7节。

一物换一物。表面上看似被抛弃的事物，事实上变成了代替物或代用品。同样地，当成长中的孩童停止游戏时，除了与现实事物之间的联结外，他们什么也没有放弃，将游戏取而代之的即是幻想。他在空中建造城堡，创造所谓的"白日梦"。我相信大多数人在生命中的某个时刻编织着幻想。这是一个长期被忽略的事实，因此它的重要性从未受到充分的重视。

观察人们的幻想比儿童游戏要来得困难。事实上，以游戏为目的，儿童的确可以自娱自乐，或在与其他儿童一起玩耍时构建一个封闭的心智系统；虽然儿童不太愿意在大人面前玩游戏，但另一方面，儿童并不掩饰他们的游戏。相反，成年人对于个人的幻想却羞于启齿，将其隐藏，不给他人知道。他把幻想视作自己最为私密的非常珍爱的财产，而且他如教条一般宁愿承担自己的罪过，也不愿将自己的幻想透露给任何人。正因为如此，他深信仅有他自己才能创造这些幻想，却不知道这种形式的创作普遍存在于大众之中。游戏之人和幻想之人行为迥异，源于从事这两种活动的动机有别，然而它们却是互相依附的。

儿童的游戏是由愿望决定的：事实上就那么一个愿望——一个在成长过程中起促进作用的愿望——希望长大成人。他们总是在玩"已经长大"的游戏，而且在游戏中模仿他们所知道的成人世界的生活。对他们来说，没有理由去掩饰这个愿望。但是，对成人来说情况就完全不同了。一方面，他们知道，世人的期许不再是游戏与幻想，而是真实世界的行动；另一方面，某些燃起幻想的愿望是必须要隐藏起来的。因此，成人会耻于那些幼稚的和不被世俗接纳的幻想。

但是，你们可能会问，如果幻想被搞得如此神秘，那人们又是如何对幻想有诸多了解的呢？那么我们说，世界上有这么一类人，他们信奉神，确切地说信奉一位严厉的女神（goddess）——必要性（Necessity）——给他们指派了任务，让他们说出自己的痛苦与幸福❶。他们罹患神经症，不得不将幻想和周遭的事告诉医生，希望医生通过心理治疗的方法治好他们的疾病。这是我们最好的讯息来源，我们据此找到充分的理由去假设，病人们不告诉我们的，我们也不可能从健康人群获知。

---

❶ 这是指歌德的剧本《托夸多·诺索》（*Torquato Tasso*）最后一场中诗人主角吟诵的诗句："当人类在痛苦中沉默，神让我讲述我的苦痛。"

现在，来认识一下幻想的几个特征。我们可以下定论，一个幸福的人从不幻想，只有那些愿望未获得满足的人才会幻想。幻想的动力来源于未获得满足的愿望，每一个幻想就是一个愿望的实现，是对不满意现实的校正。对一个正在幻想的人来说，这些驱动性的愿望因性别、性格和环境的不同而有所变化；但他们很自然地分为两大类别，要么是进取的愿望，这类愿望提高主体的人格；要么是情欲的愿望。在年轻女人的身上，情欲愿望几乎独占优势，而她们的进取心通常是被情欲倾向吞并了。在年轻男人身上，显示出自我中心的、雄心勃勃的愿望清晰明确地与情欲愿望并驾齐驱。但是，在这两种倾向之间，我们不愿强调它们的对立性，我们更愿意强调的事实是：它们常结合在一起。恰如许多的祭坛背后的壁画，在画面的一角会发现捐赠者的肖像，同样，在大多数的进取幻想（ambitious phantasy）中，我们也可能在某个角落或其他某个地方发现一位女子，幻想的创造者为了她展现出自己所有的英雄式行为，并且将他所有的丰功伟业拜在她的石榴裙下。在此，如你所见，隐藏的动机强烈又充沛；对于受过良好教养的年轻女子而言，只能展现最低限度的情欲需求，而年轻男子则需要学着去压抑自宠溺的儿童期养成的过度的以自我为中心的态度，如此才能在由相同强烈需求个体组成的社会中，找到自己的位置。

我们并不能认为想象活动的产物——各种各样的幻想、空中楼阁和白日梦——都是僵化的、一成不变的。相反地，他们能自身融入幻想者变化的生活印象中，随幻想者境况的改变而有所改变，同时接收每一个鲜活的印象，即所谓的"日戳"（date-mark）。通常幻想与时间的关系非常重要。我们可以说，幻想似乎徘徊于三个时刻之间——参与我们构思过程的三个时刻。心智活动关联着当下某个印象，关联着当下那些能够激起幻想者某一主要愿望的触发时刻。自此唤起了早期（通常是童年期）愿望被满足的回忆，此刻同时创造出一个与未来关联的情境，代表愿望的实现。心智活动由此创造出的作品即是白日梦或幻想，寻根溯源，究其源头是刺激其产生的事件和勾起的回忆。如此，过去、现在与未来就串联在一起了，愿望这根主线贯穿其中。

举一个非常普通的例子，就可以把刚才我说的问题解释得非常清楚了。以一个穷困的孤儿为例，他获得某位潜在雇主的地址，可能在那里找到一份工作。在去雇主家的路上，他也许就会沉溺于一个由该情境引发并且适当的白日梦中。幻想内容诸如此类：他得到这份工作，受到新雇主的器重，在工作中无可替代，被雇主的家庭所接纳，迎娶雇主家中年轻貌美的女儿，而后他接管了生意，由最初的工作伙伴最后成为雇主产业的继承人。在幻想中，白日梦的主人再次拥有了在幸福的童年曾经拥有的一切——挡风遮雨的家庭、疼爱他的父母，以及最初他所钟爱的对象们。从这个例子可以看出，愿望会依循过去的经验，利用当下出现的情境，勾画出一幅未来的蓝图。

关于幻想仍有多方面值得研究，但是我将只尽可能扼要地论述某些观点。如果幻想变得过于丰富、强烈无比，则会引起神经症和精神病发作。此外，幻想还是我们病人主诉症状的最直接心理前兆。至此展现了一条宽阔的通往病理学的分叉道。

我无法略而不谈幻想与梦境的关系。夜晚的梦无异于此类幻想，我们可以从梦的解析得以证实❶。很久以前，语言就以其无与伦比的智慧决定了梦境的本质问题，将漫无边际的幻想创造定义为"白日梦"。如果我们对梦的意义始终觉得含糊不清，是因为在夜间的环境中一些使我们感到羞涩的愿望会浮现；那些我们必须向自己隐瞒的愿望最终被潜抑，进入无意识中。这类潜抑的愿望及其衍生物仅允许以一种非常扭曲的方式呈现。科学工作已经成功揭示了梦失真（dream-distortion）的这个因素，那么就不难理解夜间的梦境就如同白日梦——即我们非常了解的幻想，皆是愿望的实现。

关于幻想，我们已经探讨了很多，接下来的主题是创造性作家。我们真的可以将具有想象力的作家与"光天化日之下的造梦者"❷ 以及作家的创作与白日梦相比较吗？在开始比较之前需要澄清一个概念。我们必须将利用现成的素材进行创作的作家，像古代的史诗作家和悲剧作家，与原创性作家们进行严格的区分。我们关注的是后一类作家，而且为了达到比较的目的，我们将不会选择那些评论家们高度认可的作家，而是选择那些相对不那么狂妄的长篇、短篇和言情小说的作家，他们拥有最广泛、最热切的两性读者群。在他们的作品中有一个显而易见的特征：每部作品都有一个英雄人物作为所有

---

❶ 参阅弗洛伊德的《梦的解析》（Freud, 1900a）。
❷ "Der Träumer am hellichten Tag".

兴趣的中心，作家为了他用尽手段赢得读者的同情，同时将他置于特殊的天意保护之下。假如在故事的某一章结尾，主角身受重伤、意识模糊、流血不止，那么我敢肯定在下一章节的开头，主角将会得到妥善的照顾并且正在恢复健康；如果第一卷是以主角的船在海上遇到暴风雨而下沉作为结束的话，那么我可以肯定在第二卷的开头，就会读到主角奇迹般地获救——倘若主角没有获救，小说就无法继续。我跟随英雄去经历千难万险时内心怀揣着一份安全感，这种感觉恰如现实生活中英雄奋不顾身跳入水中去拯救落水者的感觉，抑或将自己置身敌人的炮火之中去袭取炮台的感觉。这真是一种英雄式的感觉，我们一位最优秀的作家曾用独一无二的方式来形容："我不会有事！"❶ 然而，通过呈现这种刀枪不入的特质，我们立刻能够识别每一个白日梦和每一个故事里的英雄，那个"唯我独尊的自我"（His Majesty the Ego）❷。

这些自我中心的故事在其他方面具有相同的特性。事实上，小说中的所有女性都会无可救药地爱上那位英雄，这一情节很难被当作是对现实的刻画，但作为白日梦的必备元素却很容易被接受。同样的事实是，小说中的其他角色被生硬地划分为好人和坏人，无视现实生活中观察到的人物性格的多样性。对自我有帮助的就是"好人"，敌人或对手则是"坏人"，而这个自我就成了整个故事英雄式的主角。

我们十分清楚地意识到，许多富有创意的作品与天真的白日梦相去甚远；然而我禁不住怀疑，即便是与白日梦的模式存在极度偏差的作品，仍然可以通过一系列不间断的过渡形式与白日梦建立联结。令我震撼的是许多被称为"心理"小说的作品中仅有一个人物——英雄式的主角再一次出现——是从内心进行描述的。可以说，作者端坐在主角的脑海里，从外部看着其他的角色。总体上，心理小说的独特属性毋庸置疑地归功于现代作家倾向于通过自我观察将自我分裂为许多部分，结果是，将不同主角在其精神世界中的冲突涌动人格化。某些小说也许称得上"怪诞"小说，看似与白日梦的模式

---

❶ "Es Kann dir nix g'schehen!" 这句话出自弗洛伊德喜爱的维也纳剧作家安泽格鲁伯（Anzengruber）之口。参阅《目前对战争与死亡的看法》（*War and Oeath*）（Freud, 1915b），标准版，第14卷，第296页。

❷ 参阅《论自恋》（*On Narcissism*）（Freud, 1914c），标准版，第14卷，第91页。

形成鲜明的对比。在这类小说中，描述为主角的人物似乎在其中扮演着很小的角色，他宛如旁观者在见证他人的行为和痛苦。许多左拉（Zola）晚期作品就归属于这一类。但是，我必须指出对非创造性作家和在某些方面偏离所谓常理的人所做的心理分析，表现出与白日梦类似的变形，自我在其中满足于自己以旁观者的角色。

如果说想象力丰富的作家与白日梦者，诗歌创作与白日梦的比较有任何价值，那就必须首先以某种形式来展现价值何在或成果如何。例如，让我们试着把前面讨论过的一个论点，即幻想与三个时间点的关系以及贯穿始终的愿望，运用到作家的作品中；同时，在这一论点的帮助下我们试着去探讨作家的生活与作品之间的关联。通常没有人知道面对这个问题我们该有怎样的预期，而且这个联系通常被理解得过于简单。受幻想的探究结果所启发，我们应该可以得出如下预见：创造性作家由当下的强烈体验唤起了早期的记忆（通常是来自孩童时代），由此产生了一个愿望，并在创作过程中寻求满足。作品本身既涵盖了近期诱发事件的各种元素，又体现了早年的回忆❶。

不要被这个程式的复杂性吓到了！我相信终有一天会证明它实在渺小。然而，这却包含了接近事物真实状态的第一步；基于我之前做过的一些实验，我倾向于认为，以此视角看待创造性作家并不是徒劳的。你不会忘记，对于作家儿童时期记忆的强调——尽管这种强调可能会令人感到困惑——究其根本来自于如下的假设：创造性作家的一件作品就像一个白日梦，是童年游戏的延续，也是童年游戏的替代。

然而，我们无法避而不谈之前提到过的另一种想象力作品，我们必须学会辨识它们，这些作品并不直接来源于原创性的素材，而是对现成的素材再次加工。即便如此，从事这类写作的作家仍保有某种程度的自主性，可以通过把控素材的选择及对素材进行加工变化来实现自我的表达，而这种加工变化的范围本身就非常宽泛。不过就现有的素材而言，其来源仍然是广受欢迎的文学宝库，包括神话、传奇、童话故事。对诸如此类的民间心理构造的研究还远远不够完善，但是极有可能的是，例如，神话故事就是整个族群愿望

---

❶ 弗洛伊德在 1898 年 7 月 7 日致弗利斯（Fliess）的信中讨论迈耶（C. F. Meyer）创作的短篇小说的主题时，已经提出过类似的观点（Freud, 1950a, Letter 92）。

幻想的扭曲遗迹，是早期人类的永久梦想（*secular dreams*）。

你可能会说，虽然我把创造性作家放在论文标题的前半部分，但是对于作家的论述远远少于对幻想的阐释。我觉察到此现象，并且必须试着用我现有的知识水平作为托词。我所能做到的是，以幻想的研究为起始，抛砖引玉，提出鼓励和建议引出作家如何选择文学素材这一问题。至于其他问题——创造性作家用何种方式通过作品在读者身上成功地触动情绪体验——迄今我们完全未涉及。但是，至少我愿意指出从关于幻想的讨论到诗歌效应问题的这一路径。

你会记得我说过白日梦者小心地隐藏自己的幻想不被他人发现，因为他觉得自己有理由为此感到羞涩。现在我要补充的是，即便他有意与我们交流他的幻想，这种自我暴露并不能带给我们任何愉悦。这些幻想会让我们反感或扫兴。但是，当一位创造性作家向我们呈现他的作品，或是告诉我们，我们倾向于做他的个人白日梦，会给我们带来极大的快乐，而这种快乐可能由许多的来源汇集而成。作家是如何实现的，则是他内心最深处的秘密；诗歌艺术的精华在于克服由内而生的厌恶感的技术，而毫无疑问这种厌恶感与每个自我和他者的界限相关。我们可以猜测用于该技术的两种方法。作家通过改变和掩饰使其自我白日梦的角色得以柔和化，并且他用纯正的——即是美学的——愉悦方式来收买我们。我们将此类愉悦的产出称之为刺激性激励（incentive bonus）或前期快感（fore-pleasure），在获得这种愉悦之后，才有可能从内心更深处释放更大的愉悦❶。我认为，所有由创造性作家带给我们的美学的愉悦都具有前期快感的特性，而且欣赏一件想象性作品产生的实实在在的快乐会随着大脑压力的排解得以释放。甚至可以说，大部分成效归功于作家让我们尽可能地享受自己的白日梦并免于自责或害羞。这些带领我们即将跨入一个崭新的、妙趣横生而又错综复杂的研究领域；但是，至少在此刻，也为我们的讨论画上一个句号。

---

❶ 弗洛伊德把"前期快感"和"刺激性激励"的理论应用在《诙谐及其与潜意识的关系》，(Freud, 1905c) 第4章最后几段中。在《性学三论》中，弗洛伊德又讨论了"前期快感"的本质。见标准版，第7卷，208ff。

# 第二部分
# 关于《创造性作家与白日梦》的讨论

# 一篇启发世人的杰作

马科斯·阿吉尼斯❶（Marcos Aguinis）（著）
菲利普·斯洛特金（Philip Slotkin）（英译者）

## I

1907年对西格蒙德·弗洛伊德来说，是丰收的一年。其巅峰无疑是那个成功的演讲，其标题为《创造性作家与白日梦》（"*Der Dichter und das Phantasieren*"）(*Creative Writers and Day-dreaming*)。12月6日晚，信心终于打破了孤独感，51岁的弗洛伊德离开Berggasse路19号走入了那个挤满人的房间，这里正是书商兼出版商雨果·海勒的住所，也是广而告之的演讲所在地。海勒是一位温文尔雅、不知疲倦、精力充沛的人，他自己就是维也纳精神分析学会的会员，事前他已经将问卷发放给32位知名人士，以了解他们的文学偏好——其中不仅包括像弗洛伊德这样极具煽动性的人物，也包括了赫尔曼·巴尔（Hermann Bahr）、奥古斯特·福尔（August Forel）、托马斯·马萨里克（Thomas Masaryk）、赫尔曼·赫西（Hermann Hesse）、阿瑟·施尼茨勒（Arthur Schnitzler）和雅各布·沃瑟曼（Jakob Wassermann）。紧接着出版了一本手册，由雨果·霍夫曼斯塔尔（Hugo von Hofmannsthal）撰写序言，问卷以及弗洛伊德的回应收录在其中，某种程度上反映了他那时候的品位。

---

❶ 马科斯·阿吉尼斯是阿根廷精神分析协会名誉成员和培训分析师，阿根廷精神分析研究所教授。他也是一名作家，出版过16本书，包括小说和传记。

雨果·海勒的这个房间挤得满满当当，而这位备受争议的精神分析之父用他对创造力之谜的原创性见解震慑了所有听众。第二天，德国时代周报（*Die Zeit*）刊出了精准的演讲摘要，这种强烈的关注与之前对他作品充满敌意的冷漠形成鲜明的对比。之后不久，完整版的讲稿迅速刊登在一本刚成立的柏林文学期刊上。

明显地，这个主题深得弗洛伊德的心。一年半前，他写了《戏剧中的变态人物》（*Psychopathic Characters on the Stage*），这篇文章就比他出版的关于杰森小说《格拉迪瓦》（*Gradiva*）的研究报告晚了仅仅几个月。就在1907年，他还创建了"*Schriften zur angewandten Seelenkunde*"作品集，将可以归为此类的作品集结成20册，命名为《应用精神分析》。透过这部涵盖广泛的合集，精神分析在临床应用的潜力一览无余。作品集中还收录了许多人首次出版的作品，包括卡尔·荣格（C. G. Jung）、奥托·兰克（Otto Rank）、卡尔·亚伯拉罕（Karl Abraham）、欧内斯特·琼斯（Ernest Jones）、伊西多·萨德格尔（Isidor Sadger）、奥斯卡·菲斯特（Oskar Pfister）、弗朗兹·瑞克林（Franz Riklin）等，以及弗洛伊德本人的作品［关于《格拉迪瓦》的研究和之后对列奥纳多（Leonardo）的大胆研究］。

由弗洛伊德为作品集撰写的介绍，是对原则的一种示范性陈述，其中他大胆谈到，为了推进研究必须摆脱过度的秩序和控制所导致的束缚。他这种公然宣称的态度令人不安：他指出，在即将出版的文章中，会聚了精神分析的知识并广泛地应用于各种主题，而且，这些研究"时而具备精确研究的特质，时而包含了探索的尝试，努力涵盖更广、穿透更深；但是，针对其中的每个案例，研究将保持原创性成果的特质，并避免沦为单纯的评论或编辑"。他毫不迟疑地承认该作品集"面向更广泛的知识分子群体，他们可能不是哲学家或医生，但他们能够领会人类的心智科学对于理解我们的生活并拓展其深度的重要意义"。这一立场通过清晰的防御得以强化，即任何真正的科学研究必须遵循多元主义："事实上，该作品系列前几篇文章特别强调了他（弗洛伊德，作品集的编辑）在科学领域所提倡的，理论并不能决定其观点。恰恰相反，该系列对众说纷纭持开放态度，并且希望可以展现当代科学领域的各种观点和原理。"

## II

弗洛伊德在 1907 年 12 月 6 日完成的演讲和随后出版的文章叫作《创造性作家与白日梦》，其主要关注点在一个人物角色与一种活动之间徘徊。一方面，我们与创造性作家——"那个奇特的人"相遇，同时，另一方面，我们了解了心理过程的物化载体，而心理过程奇特的、无穷无尽的产物正是幻想。换句话说，此处弗洛伊德拓展了其方法的应用，超越了临床会谈的约束（因为创造性作家并非躺在病床上的患者），并且为幻想这一昏暗不明的主题点亮了一盏明灯。因此，让我们一起沿着弗洛伊德选择的方向，从两个方面进行考虑：第一，将精神分析应用到艺术与艺术家领域的方法学问题；第二，难以言喻的心灵产物具有错综复杂的身份，如波涛汹涌一般从心灵内部涌出。

让我们想象片刻，作为弗洛伊德的听众，大部分没有掌握的原理得到了充分阐释；他用清晰的、引人入胜的方式表达出自己的观点，使它们浅显易懂，从中我们获得了额外的愉悦。和过去一样，他将自己置身大众之中开始了演讲："我们这些门外汉总是怀着极度的好奇心去了解……创造性作家，那个奇特的人，会从何种非比寻常的资源入手发掘素材，对其又如何进行加工组织使我们产生如此深刻的印象。"当他提到几百年前红衣主教伊波里托·德埃斯特（Ippolito d'Este）也问了意大利诗人罗多维柯·阿里奥斯托（Lodovico Ariosto）类似的问题时，听众的兴趣马上被挑起；阿里奥斯托将他华丽的叙事诗《疯狂的奥兰多》献给主教时，主教问他："罗多维柯，你从哪儿找到这么多的故事？"这个问题一再出现，即使写出这些精彩片段的作者也无法解开创造力之谜。即使让艺术家们仔细审视并记录他们是如何选择素材的或是他们的工作条件有何独特之处，也不会获得更大的成功：洞察力，即便看似名副其实，也不可能"帮助我们成为创造性作家"。创造性作家们自己惊讶于他们作为罕见种类与芸芸众生的距离实在遥远，因而会尽可能缩短这个距离，使我们相信每一个人都像他们一样在内心都是创造性艺术家。

这对弗洛伊德来说，如同神经质的谎言隐藏于每个"正常人"身上一样真实，但他并没有说，因为没有人会理解。他并没有回避和远离最初的问题，反而尝试解答，即使只能解答一部分。他运用他的方法，包括对每一个问题的表现进行多面向整体的观察，以及通过临床实践中一丝不苟的态度所得到的发现。他不仅做出推论，并且应用于实践。这不是机械的或简单的过程，而是通过这一过程揭示了这一主题的不同层面。

与他的发现一致，他由此提出文学创作的来源应在童年中寻找。他直截了当地指出，婴儿最爱且最热衷的活动就是游戏。虽然这个论点现在看来就像老生常谈，但就像性、梦的重要性、诙谐或口误的价值一样，在当时甚少有人关注。一个意义重大的观点是，孩子认真地游戏并且倾注相当的情感。游戏要求褪去通常称为"现实"的外衣。然而，褪去现实并非意味着忽略现实；相反地，它被用于显示层面，支撑想象中的情境和客体。因此，游戏尚不是成人幻想，因为游戏需要现实世界的素材。

弗洛伊德独创性地指出游戏中孩童的五个特质，也是创造性作家所共有的：

① 他们创造出一个想象的世界。

② 他们认真对待游戏。

③ 他们在游戏中倾注相当的情感。

④ 他们利用外部现实中的素材使游戏生机勃勃。

⑤ 他们区分得出游戏与现实。

弗洛伊德因德文而得以做这样的类比（英文和法文也可以这样做，但西班牙文不能），因为玩（德文"*Spiel*"；英文"play"）这个字被广泛地用在许多艺术活动中，例如演奏乐器（playing a musical instrument），也用在戏剧类型的名称 [喜剧（德文"*Lustspiel*"，英文"comedy"）和悲剧（德文"*Trauerspiel*"，英文"tragedy"）] 以及演员（德文"*Schauspieler*"，英文"player"）的名称。

## Ⅲ

因为各种原因，成人无法像孩童一样游戏。所以，成年后他们放弃了早年那些令人愉快的游戏了吗？至此，弗洛伊德创造了最著名的名句之一："事实上，我们从不放弃任何事物，我们仅能以一物换一物。"成年人并没有放弃童年游戏中获得的愉悦感，而仅仅是引入了轻微的变化：他不再运用具体现实来源的素材作基础，而是放弃了这些素材，用"幻想"取代"游戏"。至此，弗洛伊德大胆地提出了19世纪末尚未被科学界重视的信息，他指出幻想这种心理特性比想象中更为普遍："我相信大多数人在生命当中的某个时刻编织着幻想。"因此，他认为幻想是至关重要的，这在当时未得到重视。他也提出了一些猜测，试图解释幻想相对受忽视的原因。他知道，与孩子的游戏相比，成人的幻想不容易观察，而且，成人对他们的幻想感到羞愧；的确，成人"宁愿承担自己的罪过，也不愿将自己的幻想透露给任何人"。然而，弗洛伊德在此毫不妥协地坚持自己的观点：尽管幻想和游戏不尽相同，前者与羞愧相伴而后者天真无邪，是孩童不受约束地展现和成人倔强地隐藏的差别，它们彼此是另一个的延续。

假如幻想难以被观察者感受同时幻想者自己又将其隐藏，那我们怎样才能了解这些幻想呢？弗洛伊德的回答是，通过对神经症患者的治疗得以了解，因为患者会为了缓解痛苦而向医师透露。虽然他接下来的论述，如此婉转不至于引人发难，但却蕴含令人不安的弦外之音："我们据此找到充分的理由去假设，病人们不告诉我们的，我们也不可能从健康人群获知。"

他在呈现一系列事实以及克服了解幻想的阻碍之后，紧接着完成艰巨的任务——下定义："每一个幻想就是一个愿望的实现，是对不满意现实的校正。"他补充说明有两种愿望，即进取的和情欲的。在此陈述前，他措辞恰当地表达了愿望"因性别、性格和环境的不同而有所变化"。尽管这个论点可以更深入地展开，但他就此打住，避免混淆听众。今天，我们可以说他那时指出了精神分析和美学的差别之一，强调精神分析的兴趣在于主体的本质而非客体的价值。

每一个幻想都有无穷无尽的变化，自我塑形以适应个体生活和特殊情境的变化。然而，幻想以惊人的方式与时间联结。弗洛伊德表示，为了幻想的目的，"过去、现在与未来就串联在一起了，愿望这根主线贯穿其中"。换句话说，愿望利用当下的场景重现过去，并在未来得以实现。一个"非常通俗"的例子圆满佐证了这一论点。

弗洛伊德现在转而讨论幻想和梦的关联。他重申了应用精神分析是基于临床工作中的探索和发现。德文再度帮助了他，因为 *Phantasie*（德文，幻想）与 *Tagtraum*（德文，白日梦），也就是英文"daydream"相同。幻想（或是白日梦）和夜间梦（睡梦）都有一个显著的共同点，那就是它们都是愿望的实现。不同之处在于梦经过做梦过程的扭曲，可以更好地将更为冲突的愿望隐藏起来，所以它们表达的是与现实原则最冲突的愿望。

## IV

此刻，我暂且搁下弗洛伊德的论述片刻，来解释如今普遍理解的幻想理念。在《创造性作家与白日梦》中，他为此后蓬勃发展的对心智现象的探索打下基础，而心智现象因为内涵广泛，不仅会引发兴趣，也会带来焦虑。

正如弗洛伊德在那个 12 月寒冷的夜晚所说，幻想通常被定义为最私密的创作。就像在一个专属的剧院里，演员们戴着以婴儿期的素材打造的面具。它是取之不尽的遗产，表明了愿望的方向。弗洛伊德再一次质疑 19 世纪晚期藐视并拒绝谈论日常生活中世俗之事的风气。幻想是他的第四个天才之作，给当时古板的学术界以重重打击；前三个是他对梦、失误和诙谐的研究。

幻想包含两个主体，一个是幻想的制造者，一个是幻想的产物；或者说一个是作家，一个是演员。然而，这两个主体就是同一个人。演员可以扮演积极的角色，也可以作为被动的观众。这项功能带来了巨大的乐趣，因为，演员按照符合他要求的剧本扮演着自己的角色，感受着自己在炫目的舞台灯光中闪耀光芒。每个幻想都有一段情节，无论是原初的或重复的。表演出来的戏剧满足了催生它的力量。这些力量正是愿望（为实现愿望而作出的努力）和无意识的稽查（通过潜抑并形成防卫机制）。就像其他的重要的心理现象一样，幻想是经过处理之后的结果。因此，可以理解它存在于愿望的需求和无意识的粗暴稽查相互妥协之间，通过扭曲外在现实以避开不悦，并把先占的乱伦倾向伪装得认不出来。因为它无法完全满足愿望，它将自己装饰得美轮美奂以增强替代的愉悦感。当愿望忽略了对无意识稽查耐受的界限时，剧情也许需要修正，向相反的一面转化，转而与主体对立、反对或是投射。

作为主体的私密剧场，每个幻想都是戏剧化的。舞台上演的戏码并不是静止不动的，而是连续的，甚至演员都有可能变动，因此，这个现象被认为是千变万化的。这个充满想象的戏剧化形式总是离不开他的创造者，即使他将戏码削减为一句台词，或只在荧幕上稍纵即逝。

幻想最迷人之处在其高度的组织性，可以避免冲突，以假装遵行现实原则。令人难以置信的是，它们极其可信。达成主体间的一致是可能的，因为它们尊重幻想者的文化背景。当然，这是次级过程占主导地位。就此可以区分幻想和梦，与梦不同的是，大部分幻想遵从暂时性、矛盾性和否定性。不过，幻想和梦从另一些角度看很相似：它们都是愿望的满足；都重现了婴儿期的印象；都从无意识稽查中掩护了一定的放纵；都必须采用策略来克服意识的阻抗。

托马斯·阿基纳（Thomas Aquinas）写道，幻想是记忆的集合。他的观察相当具有洞察力。然而，精神分析的观察表明，幻想并不等同于记忆。与此相反，它常常为了隐藏记忆而扭曲它。它甚至会通过歪曲事实来达成欺骗。弗洛伊德在《狼人》(*The Wolf Man*)中告诉我们，患者梦到他褪去他妹妹的衣衫并不断扯掉她的毯子，对这个梦的分析使我们走入了死胡同，并未产生任何的记忆；这些梦仅仅是幻想而已。换句话说，幻想关掉通往记忆的门。这就像移情一样矛盾，兼具阻抗和通道、开和关两种功能。当一个现有的刺激增加了幻想的强度，导致这部分记忆活化并危险地接近意识，幻想最终并没有使记忆呈现，反而一个可怕又难以控制的新情境取而代之，一个症状形成。弗洛伊德在《歇斯底里幻想及其与双性恋的关系》(*Hysterical Phantasies and Their Relation to Bisexuality*)中提到，症状"由幻想而生"。

因此，虽然在幻想和记忆之间有一个显而易见的连接，但是这个连接并不是一条直线。幻想者以个人的、"随心所欲"的方式建构记忆，以达成愿望——但是，并没有注意到它。这个特征从未在幻想的私人剧场中缺席，也是创造性作家的主要特色，因为艺术家在"没有察觉"的情形下，搜集、处理、删节、修饰并节录他的记忆，以建构其创作。

幻想和现实有何不同呢？它们区分的方式如同想象与感知（perception）间的区分。然而，在弗洛伊德提出精神的和物质的现实之间的差距后，这个答案已被证实是不太恰当的。而当我们了解精神现实不只是内心世界后，这个问题也变得更复杂：它的连贯与稳固可能和物质现实本身的连贯和稳固差不多。临床工作显示，对于个人，精神现实有单纯和简化现实的好处——从这一方面来说，考虑到它们的效应，我们很难区分婴儿时期的事件为幻想或事实。现在，虽然弗洛伊德在他令人印象深刻的说明会中没有这样说，后来这"两种现实"被加入了第三种作为补充：历史的现实。然而，这却使事情变得更加复杂。

就让我们再次看一看德文：德文中的"*Geschichte*"指的是真正发生过的事件，"*Historie*"则指对这些事件的叙述。我们如何能不通过叙述以外的方式而得知这些事件？而且，难道叙述不是一种组织过的形式，且这种形式不可能避开主观传达的表述？

因此，我们现在知道了物质现实、历史现实和精神现实。幻想是精神现实原始的主角，但它也没有忽略其他两种现实，因为，虽然它常常由其他两种现实获得题材，它的任务是去驳倒它们以消除不愉快。幻想对于真实事件有重组和召唤的自由，有时候甚至会将它们变得完全认不出来。它最终的目的是要否认阉割。除了自由之外，每一个幻想都有防卫性虚构的特色。

由于其丰富性和多样性，性的幻想被拿来与婴儿期性理论做比较。实情在此两者的情况中都明显地经过扭曲，以使之顺从快乐原则并避开现实敌意的约束。然而，它们两者间有一个方面是不相同的。在幻想中，性本能和俄狄浦斯情结超越了个人经验。相反地，在婴儿理论中个人经验是主要的。父母亲说的话在前者中被唤起，而在后者中则被怀疑。在幻想中，听觉被自由地驾驭，而有人说，幻想对于听到的事物，就像梦对于看到的事物一样。而在孩童的性理论中，听到的事物会被排拒，并以经验来取代。

最后，我们要记住，精神分析文学作品参考于以下三种类型的幻想：意识幻想、无意识幻想和原初幻想。意识幻想是幻像、遐想，或是我们所称的白日梦（或白天的幻想）。它们是主体在清醒时所创造或对自己叙述的一连串场景。它们是个体清楚察觉到的剧院里秘密的、私人的、羞愧的素材。它们的重要性和频率已在《歇斯底里症的研究》（*Studies on Hysteria*）中讨论过。

无意识幻想和明显的内容是分别揭露的；弗洛伊德认为它处在无意识的层次，而主体有可能有也可能没有察觉到它的存在。自从它被精神分析发现后，虽然普遍存在，但无意识幻想的地位仍未被定位好。弗洛伊德在梦、神经症状及艺术创作中发现它，并将它联结到性。他描述它是一个有明显界限的特殊产物。对弗洛伊德来说，它是无意识的，因为它被潜抑了，不论这潜抑是初级的还是次级的。弗洛伊德认为它是现实经验之后的一个再现性建构。别忘了对他来说，愿望来自满足的经验——因此幻想是与客体相关，而非与本能相关。最后的这个观念是由克莱茵学派而来，此学派对无意识幻想贡献良多。克莱茵学派的学者们认为，客体不是特定的，所以无意识幻想与本能有关。他们认为无意识幻想与潜抑无关——换而言之，它是原生的，而非被潜抑的。

弗洛伊德只有在1915年区辨了原初幻想，或是德文中的*Urphantasien*。他认为它们类似某种超越个人经验并经由遗传而来的无意识架构。他在《来自于婴儿期神经症的历史》（*From the History of an Infantile Neurosis*）中提到："我们常可以看到这个架构战胜个人经验。"他之后将它们与文化和语言相连，因为，在个体出生之前，这些将来他必定会吸收的东西正等着他。

## V

现在，让我们来看看弗洛伊德文章中致力讨论的创造性作家本身及他们的魔力的部分。

每个人都知道弗洛伊德那个著名的评论:"在创造性艺术家面前,唉,分析必须放手。"虽然这么谦虚的坦白,但弗洛伊德对于这个主题却有着大量的贡献。然而,这个坦白的结果之一本是要克制心理传记学和心理评论学领域轻下结论的诱惑。弗洛伊德在《精神分析导论》(*Introductory Lectures on Psychoanalysis*)中的确大胆地表述他的想法:"艺术家又一次是内向的人,离神经症不远。他被一股过度强大的本能需求压迫着。他渴望获得荣誉、权力、财富、名声和女人们的爱;但他缺少实现这些满足的渠道。"

为了要进一步探索这个文学现象,他提出一个教科书式的区辨:"我们必须将利用现成的素材进行创作的作家,像古代的史诗作家和悲剧作家,与原创性作家们进行严格的区分。"但这样的分辨是错误的,因为作品总带有一定分量的自由度和一定分量的决定论。以史诗题材为基础的作家也会创新和修饰;莎士比亚(Shakespeare)是弗洛伊德最喜爱的例子之一,还有索福克勒斯(Sophocles)和埃斯库罗斯(Aeschylus)。然而,弗洛伊德在此希望强调那些平凡的作家,他们缺乏对英雄的认同的隐藏艺术,以及在他们描写的探险故事中达成愿望的满足;他在想的是那些刚离开私人剧院不远的作家,也就是幻想。这些作家创造出老套的、善恶分明的作品,而不被任何一个有着成熟心智的人认为是真实故事。然而,弗洛伊德不得不使用应用分析的理论去走过这条小径,因为这能使他透过临床精神分析理论来部分了解艺术现象。普通的作家与任何一个沉溺在自己白日梦乐趣中的成年人相去不远。

接着从一连串过渡性的例子中,弗洛伊德发现,作品即使脱离这个模式,亦无法逃脱这些法则。他的理解谨慎地却逻辑精准地进展着。他说,同样的情形也可以运用在世俗所说的"心理小说"上,这类作品的本质是作者将自我分裂成多个部分自我的技巧,并且将他自己冲突的各种倾向表现在好几个主角中。至今,没有人会怀疑甚至是作者自己都反感的"坏"角色和情节是来自于同一个来源、单一主体,经由反向作用(reaction formation)、害怕、恐惧和创伤经验的方式而浮现。同样的道理,这也适用在主角是被动的旁观者的小说中;它们也没有使幻想和文学作品的紧密相关性无效,因为对于许多不是作家的人来说，也经历过将自我设限于旁观者角色的过程。

在这个观点上，我们去回想弗洛伊德在此篇文章开头的评论会更好——主教伊波里托·德埃斯特（Ippolito d'Este）询问罗多维柯·阿里奥斯托（Lodovico Ariosto）——因为在此他已经到了可以冒险等待答案的地步。所有在《疯狂的奥兰多》（Orlando Furioso）以及整个世界文学中那些众多相呼应的故事，总体上来说，都来自于作者内心深处复杂却熟悉的机制："创造性作家由当下的强烈经验唤起了早期的记忆（通常是来自孩童时代），由此产生一个愿望，并在创作过程中寻求满足。这作品本身展现了此时的诱发事件和早年记忆等因素。"弗洛伊德在1898年7月7日与弗利斯的通信中，提到迈耶（C. F. Meyer）的短篇故事时就表达了类似的想法。30年后在《摩西与一神论》（Moses and Monotheism）中，他再次以我们熟悉的疑问形式强调他对这个主题已有的确切结论，他又给出了相同的见解，就像是"希腊人从哪里获得那些被荷马和伟大的雅典戏剧家反复加工而写成杰作的传说性题材"。他继续答道，这个民族可能经历过他们史前时代辉煌与文化的全盛时期，那些文明已在一场灾难中被摧毁并只剩一个隐晦的传说以传奇文学的形式幸存下来。他的理论是建立在考古发现的伟大的米诺-美锡尼（Minoan-Mycenaean）文明的基础上，一个在荷马时期前3~4个世纪就消失在希腊大陆的古文明。同样情形也发生在其他民族："一个刚过不久的历史片断，必然显得内容丰富、重要、绚丽，而且可能总是带有英雄主义。但如果距离它太远了，对于距其遥远的后世来说，在如此遥远的时期中，只有隐晦微小且不完整的传说可以传递下来。"

在1907年的那个夜晚，弗洛伊德试图整合他到这天为止的所有观点，为那些着迷的听众阐明艺术创作这古老谜题的一部分。

接下来，他舍弃了前几个段落为了示范所做的区辨。因为他的听众已经到了能更好地了解其论点的地步，所以他不再需要它了。他指出重新塑造现有题材的作者也有行使独立自主的权利，这个正好可以由他们选择的材料和对材料所做的大幅改变表达出来。

他接着提到神话、传说和民间故事的重要性。虽然这些文学类型不代表每个作家，而对这些作家来说被描述的矛盾可以归结于他们本身，弗洛伊德仍将他对这个问题的研究结果，小心翼翼地扩大归因至整个人类的命运："极有可能的是，例如，神话故事是整个族群愿望幻想的扭曲遗迹，是早期人类的永久梦想。"

## VI

为什么艺术家的幻想不会使我们觉得可耻、反感和留给我们冷漠的印象，反而让我们愉悦呢？弗洛伊德以尊敬和欣赏的态度这样回答道："这是他内心最深处的秘密。"他抗拒超过临床经验所建立的界限的诱惑，但不打算放弃进一步探究这个谜题。应用精神分析对其本身来说应考虑到"泄漏"的问题，但仍要留意最小的透光裂缝。因此，弗洛伊德提出创造性作家进行其工作的两种方式：首先，他变得以伪装的方式来柔化自我中心的白日梦的特征，接着，他用纯粹正式的快乐的方式贿赂我们。这种形式的快乐，为之后更大的快乐铺路，他称之为前期快感或刺激性激励，这个观念他已应用在诙谐上，也在《性学三论》中讨论过。

弗洛伊德正在对美学作出贡献，当他告诉我们"由创造性作家带给我们的美学的愉悦都具前期快感的特性，而且欣赏一件想象性作品产生的实实在在的快乐会随着大脑压力的排解得以释放"。创造性作家使他的读者可以不用自责和耻辱地享受他们自己的白日梦。然而，临床经验显示这个过程不可避免地伴随着阻抗。文学文本作用在读者的心智，反过来读者的心智也作用在文学文本，以辩证式的关系呈现在语言中。在早些时候的情况中，连续的读物也带来了某些方面的自我否定。

最后，弗洛伊德以热情的脚注作为他理解创作现象的结论："这些带领我们跨入一个崭新的、妙趣横生而又错综复杂的研究领域。"

## VII

他是对的。从那时候开始，大量的资料由精神分析工作坊倾巢而出。文学评论家很快地转为针对圣伯夫（Sainte-Beuve），在他的压制下，当时的文学评论逐渐衰落。在 19 世纪发展如此繁盛的文学创作界中，圣伯夫一直就像是令人畏惧又不敢加以挑战的文学仲裁者。他立下一个原则，就是每一个作品都要从史学和传记的因素分析。他以严密挖掘每个作者私生活的细节为乐，并给我们留下了以下关于其技巧的记述，这使得进一步的讨论变得多余："我们为了这有名的死人的作品将自己闭关了两个星期，姑且将他称之为诗人或哲学家好了；我们在闲暇时间研读他的作品，而让他有机会在我们面前摆姿势。这比较像花两个星期在乡间为拜伦（Byron）、斯科特（Scott）或歌德（Goeth）做雕塑像或半身像——不同的是我们可以比较轻松地面对我们的模特；这种面对面的方式虽然比较需要专心，但也随之更精通。"或是，直截了当地说："我可以抽样检视一个作品，但对我而言，若不知作者为谁，便不可能评判它。"圣伯夫在他的作品中展现出他一贯的态度，这些作品都全部依循他公开描述过的技巧。然而，他的傲慢使他看不到自己的局限性。的确，正因他如此傲慢，以至于他甚至这样描述他自己："一个评论家不过是一个懂得阅读以及教导其他人如何阅读的人。"

圣伯夫对"明白式的传记体"（manifest biography）的盲目强调激怒了拥有雄辩反驳力的马塞尔·普鲁斯特（Marcel Proust）。他提出的观点之一是："一本书即是另一个自我的产物，与我们在习俗、社会或恶行中展现的自我不一样。"传记体的方法可能犯的错误，被显示于圣伯夫因其骄傲及对于细节的挑剔而无法注意到司汤达（Stendhal）的文学地位，即使他对司汤达的生平非常了解。一篇普鲁斯特清楚的以《反对圣伯夫》（*Contre Sainte-Beuve*）为题的论文在他死后出版。这是"明白式"退缩的开始。

在文学社群间，梦获得新的尊崇，甚至连妄想都获得尊重。文学界对于精神分析的兴趣以文学界在新的原则兴趣中的发现为交换。头韵、谐音、对偶、倒置、摘要、矛盾修饰和新语等技巧，为其所呈现的接受评论调查的作品呈现了额外的意义：语言永远有它自己的理由，在各方面，无论是明白的或含蓄的，构成一个挑战。

之后，很快地，在他关于列奥纳多·达·芬奇儿时回忆的研究中，弗洛伊德坚定地着手于以临床研究结果的精巧应用为基础的方法，来为这些伟人的冲突矛盾与谜团下定论的研究。他的目的并非是要轻视这些天才的丰功伟业或诋毁他们作品的威望，而是想要聚焦在他们那些令人惊奇的行为层面上。然而，他不可避免地唤起众多追随者，他们私下期待以精神分析方法作为魔杖，在这些天才不在场或死后，剖析他们周遭的谜团，以严格治疗为基础，以病历的形式集成。

这样的态度遇到了正当的抗议。少数的伟大作家自己曾接受分析。再者，任何想从他们作品或传记就下定论，但没有关于他们本身主体的联想、他们展现的移情和阻抗以及那些唯有从过程中才能够做的验证的尝试，都会不可避免地有太过主观的危险。当由第三者来研究时，一篇用来"分析"另一方的文章，其作者而非主体为分析对象，才是分析的好题材。由主要的创造性艺术家的心理传记揭露的冲突和创伤不够复杂和丰富。相反，他们的作品则超越这些，不会很容易地就被解释成在描述缺陷、痛苦、挫折或恐惧。这样的尝试就像试图以细致描述神经元的复杂结构，来解释人类丰富的心智内涵。

在我的观点中，从弗洛伊德开始，精神分析渴望在科学中占有一席之地，然而，因为它特殊的领域，无法忽视情感——也就是，诗。精神分析极其努力地要冷酷而客观地透视患者的心智或文化的产物，必然会对它们产生反移情。就像一位历史学者要在像《萨朗波》（*Salammbô*）这样的历史小说中寻找"客观的"信息，却没有察觉自己不可能不被福楼拜（Flaubert）的写作风格迷住一般。这是它引人入胜但却令人焦虑的一面。科学和诗都寻求真理，而且它们不仅没有让精神分析身败名裂，还成为精神分析和诗紧紧相扣并结成果实的领域。

在《创造性作家与白日梦》问世后的数十年间，精神分析已经证明不能够——也不一定要——审视艺术作品内容以外的方面，或将它本身的目的设定为达成而不是去更进一步了解作者及和他有关之事。它的题材不是美学而是个人。艺术形式不是能力的问题，它是艺术"最深处的"秘密。同样地，在精神分析的前提下逐字检验，文学评论依然可以投入相当多的关注在创造性作家明显的或相对较隐微的倾向。换句话说，精神分析给评论者提供了一个拥有新武器的弹药库，使他们有能力去搜集关于作者的信息——不是从他的传记而是从他的作品正文。我正想到的是精神分析评论家查尔斯·莫龙

（Charles Mauron）。这不是要取代传统的文学评论，而是藉由文章重叠［如同弗洛伊德在《三个珠宝盒的议题》(*The Theme of the Three Caskets*)中所为一般］、强迫性暗喻的觉察和影像的重复阐明作者的无意识层面。然而，其目标显然不是要描绘出心理图像，而是要了解文学作品——而在这方面，它与精神分析不一样，精神分析的兴趣在个人而非他的作品。

结束这个章节最好的方式，就是仔细思考探索艺术时弗洛伊德的方法中所具备的艺术。他依循着生命最深处的航道前进，勇敢地面对所有方面，这些方面离他很近，不论像野兽般骇人的或像天使般美丽的挑战。面对这些他不评判也不放弃。他在这个主题上的思想和教导不仅令我们产生好奇心及获得知识，也给我们美感。

## 参 考 文 献

Abadi, M., Baranger, W., Chiozza, L., and De Gregorio, J. 1978. Mesa redonda sobre el concepto de fantasía. *Rev. de Psicoanálisis*. 39:5. Buenos Aires.
Aguinis, M. 1985. La novela que ayudó a Freud. In *El valor de escribir*. Buenos Aires: Ediciones Sudamericana-Planeta.
Clancier, A. 1976. *Psicoanálisis, literatura y crítica*. Madrid: Ediciones Cátedra.
Freud, S. 1905. *Three essays on the theory of sexuality*. S.E. 7:125.
———. 1905. *Jokes and their relation to the unconscious*. S.E. 8.
———. 1906. Psychopathic characters on the stage. S.E. 7:303.
———. 1907. Contribution to a questionnaire on reading. S.E. 9:245.
———. 1907. Prospectus for *Schriften zur angewandten Seelenkunde*. S.E. 9:248.
———. 1907. Delusions and dreams in Jensen's *Gradiva*. S.E. 9:3.
———. 1907. Obsessive actions and religious practices. S.E. 9:116.
———. 1908. Creative writers and day-dreaming. S.E. 9:143–53.
———. 1908. Hysterical phantasies and their relation to bisexuality. S.E. 9:157.
———. 1908. "Civilized" sexual morality and modern nervous illness. S.E. 9:179.
———. 1908. On the sexual theories of children. S.E. 9:207.
———. 1909. Family romances. S.E. 9:237.
———. 1910. *Leonardo da Vinci and a memory of his childhood*. S.E. 9:252.
———. 1917. *Introductory lectures on psycho-analysis*. S.E. 15–16.
———. 1918 [1914]. From the history of an infantile neurosis. S.E. 17:3.
———. 1939 [1934-1938]. *Moses and monotheism: Three Essays*. S.E. 23:3.
Mauron, C. 1966. *Des métaphores obsédantes au mythe personnel*. Paris: José Corti.
Wright, E. 1984. *Psychoanalytic criticism: Theory in practice*. London: Methuen.

# 《创造性作家与白日梦》的现代观点

哈利·特鲁斯曼（Harry Trosman）❶

《创造性作家与白日梦》可以被视为弗洛伊德在同时期对威廉姆·杰森的小说《格拉迪瓦》精神分析式研究的进一步反思。《杰森的〈格拉迪瓦〉的妄想与梦》（*Delusions and Dreams in Jensen's Gradiva*）（Freud, 1907）是第一部关于小说出版的精神分析研究。虽然，在此之前，弗洛伊德已经在《〈梦的解析〉中的俄狄浦斯王和哈姆雷特》（*Oedipus Rex and Hamlet in The Interpretation of Dreams*）（Freud, 1900）评论过，也在与弗利斯的通信中（Freud, 1887—1902）表示他考虑研究康拉德·费迪南德·迈耶（Conrad Ferdinand Meyer）的短篇故事《审判者》（*Die Richterin*），但对《格拉迪瓦》的研究是第一次深度系统描述，而弗洛伊德也为这部富于想象力的作品本身如何轻易地提供精神分析的诠释感到印象深刻。因此，几个月之后，当维也纳的书商兼出版商雨果·海勒邀请他在其房间里做一个演讲时，弗洛伊德才有机会组织他对精神分析对文学的贡献的思考。

事实上，我们现在要讨论的这篇短文提供了一些艺术创作本质的见解。当我们考虑到精神分析应用到文学领域的范围时，创造力的心理特质无疑是研究的重要一环。更广义地说，精神分析师认为他们应该关注三个方面的研究。他们一直都对作者的生平感兴趣，而且认为文学作品就是创作者人格的表现。文学作品提供了原本模糊的、谜样的，甚至隐藏的人格特质内容的线

---

❶ 哈利·特鲁斯曼是芝加哥大学精神病学教授，芝加哥精神分析学会的培训和监督分析员和教员，芝加哥精神分析学会的前任主席、研究和特殊训练委员会的前主席，美国精神分析协会协调委员会成员。

索。文学作品可以被视为一种伪装的形式，而分析师的工作即是去揭露它们，就像临床上一层一层地去掉阻抗力。精神分析师也认为他们自己对一个文学作品本身的分析感兴趣。这是弗洛伊德分析杰森的《格拉迪瓦》所惯用的方式，而这种分析形式也在精神分析文献中得到卓越的地位。事实上，弗洛伊德在这个领域的重要贡献之一是对视觉艺术作品的分析：米开朗基罗的摩西雕像之剖析（Freud，1914）。他小心翼翼地分解摩西雕像的姿态和推论可能的动作，以便于揭露这位先知的姿势潜在的意义。又一个精神分析的方法，如同《创造性作家与白日梦》中所预测的，把它自己和创造力的源泉等同起来。

在他早年的生涯中，弗洛伊德显出他对创造性艺术家的情义。我们从他在《歇斯底里症的研究》（*Studies on Hysteria*）（Breuer & Freud, 1895b）的评论中得知，他觉得为了报告其实例故事，他自己应该致力于类似于一个想象丰富的作家的工作中。事实上，他称自己写作得像"诗人"那样［（*der*）*Dichter*］，在这篇文章中他也用这个词来称呼创造性作家❶。起初，他扮演询问者的角色，目比为红衣主教伊波里托·德埃斯特（Ippolito d'Este），想要知道创造性写作的源头。这个主教对阿里奥斯托（Ariosto）提出这个问题，来代替给这诗人提供的他本来期待的一位较慷慨的赞助人会给的物质报酬。就某种意义来说，虽然他对于我们了解创造力有一定的贡献，弗洛伊德也给我们提供了可能性，即他可能也不会让我们的渴望得到满足。我们可能无法解决创造性写作的问题。就像红衣主教伊波里托一样，弗洛伊德使我们暂时停下来，在这篇文章的最后，他以"即将跨入崭新的、妙趣横生而又错综复杂的研究"作为结束。然而，我们也没有感觉到十分受挫，因为他留给我们一个重要的概念，即幻想是创造力的核心❷。

---

❶ 汉娜·西格尔（Hanna Segal, 1991: 76）曾质疑过弗洛伊德在标题中原始的"*Der Dichter*"的翻译，并且她建议有趣的苏格兰语的"创造者"这一名称作为替代，这显然是为了强调与创造性作品相关的有目的性、制造性和组织性的品质。

❷ 他几乎没有意识到他将给英国作家和美国作家提供另一个问题。我们要把德文中的"Phantasieren"拼写成"phantasy"（幻想）还是"fantasy"（白日梦）？当然，英国作家把"phantasy"写成"ph"，美国作家用"f"代替。有些人试图做出区分，把"phantasy"（幻想）作为普遍的无意识指向，而把"fantasv"（白日梦）作为前意识或意识的指向。在这篇文章中我遵从美国的用法，并且两者兼顾地使用"f"代替"fantasy"（白日梦）这个单词。从弗洛伊德原始标题的翻译已完全消除了辩论并用"daydreaming"代替了德文"Phantasieren"来考虑是很有趣的。为什么他们这样做了？在弗洛伊德的文章中他两次特指了"白日梦"，并且他的的确确也做了区分。对于这个问题我在后面会做出更多的论述。

依循他过去就对源头和发展有兴趣这一点，弗洛伊德把幻想追溯到了孩童时期的游戏经历。显而易见，孩童的游戏是一种伴随着概念组成的行动形式，把原料想象性地转变到幻想领域中的产物。沙变成沙堡，洋娃娃变成小婴儿，儿童变成大人。这里要区辨的不是游戏和幻想，而是幻想和现实，在此弗洛伊德也主要区辨两者。挫折由现实造成，幻想的世界因挫折而发展。因此，游戏和现实是对立的。现实被认为是令人不满意的，促使人退缩至不可能在现实世界中发生的想象满足的这一不现实的领域。这些满足是某种能力的产物，此能力可能已经隐藏，或可能在经历不满足时才被活化。弗洛伊德似乎支持第二种观点，当他相当武断地维护"一个幸福的人从不幻想，只有那些愿望未获得满足的人才会幻想"这一观点。

除了不满足的特性外，现实的本质仍悬而未决。这里可以附带说明的是，之后有许多美学家、艺术家、作家和评论家都不同意弗洛伊德的观点——他们大多从创作者和消费者的角度来讨论艺术。

将幻想根基于孩童时期游戏这一领域的想法，给现实的特性加入了弗洛伊德的观点，即使这里的现实指的是精神现实而非物质现实。非常有趣的是，当弗洛伊德继续描述幻想的内容时，他以性别做本质区分：男人的幻想是野心幻想，背后含有情欲的成分，而女人则是直接的情欲幻想。而且他暗示这些幻想在青少年阶段就已具体化。截止到那时，孩童游戏的联结已被超越，而有了与幻想相关的排斥感和羞愧感的层面，因为这些幻想有着与自我冲突的特质，这可能是对于仍然存在的孩提时残余物的羞愧反应，也可能暗示的确存在与幻想有关的冲突。弗洛伊德没有探究后者的可能性，他举的例子中几乎没有提到与幻想有关的矛盾的本质——例子中的孤儿在即将应征工作时，幻想着自己将娶雇主的女儿。甚至，这个孤儿幻想找到接受他的父母和家庭的例子也几乎没有描述经常与无意识幻想相关的驱力。事实上，因为幻想本身有着如此清楚的、前意识的白日梦般的本质，英译者以"白日梦"（day-dreaming）来取代这篇文章标题中的"幻想"（fantasying）也就不那么令我们惊讶了。

所有由驱力引起的、有冲突的以及充满焦虑的无意识幻想的问题在此不列入考虑。这些无意识幻想的类型通常和性有关，也与出生、子宫内生活、最初情景、阉割和引诱有关。这篇论文没有讨论虐待狂、毁灭的恐惧和乱伦的渴望。现今，我们认为诸如此类的癖性在人格发展中起到关键的作用，并为孩童的游戏以及青少年的白日梦打下基础。他们原始的且引发焦虑的本质可能会产生自我排斥，而我们所俗称的白日梦——他们的意识的衍生物——有着强烈的防卫特质，允许出现英雄般的刀枪不入、愉悦的满足以及如牧歌般浪漫的思想，得以自更原始的形式中解脱。因此，我们可能会质疑区分白日梦和无意识幻想的价值。很有可能的是，张力和活力与幻想生活中无意识的部分有关，这在一些创造者对于创造性关注的强度上、赋予创造性作品本身它的力量以及特殊气质上起作用。

我们可以区分普遍的和特殊的无意识幻想，尤其是直接联系到个别作家或艺术家的人生事件、早年经历或特定的心理现实。事实上，艺术家处理作品的方法、各种对于作品的关注、他与前辈们的关系，以及他对已完成作品的期许——所有以上种种都与源自无意识幻想的人格各方面特定相关。虽然弗洛伊德在这篇文章中对此着墨甚少，而主要聚焦在前意识能接近的这中间地带，但是他的想法引导我们向将原始的无意识幻想视为根基的方向迈进。

当关注与创造性作品有关的愉悦形式时，弗洛伊德进入了艺术作品在形式维度中的领域。他基本上以迂回的方式处理。因为他的兴趣在于幻想是游戏的产物，是弥补及修正挫折现实的愿望实现，所以他把艺术创作的技术层面，视为实质上是满足的手段。当然，这样的观点对于概念内容能被分析的艺术作品最易维持，并显露出其深层愿望满足的部分。弗洛伊德的经典例子有《俄狄浦斯王》(*Oedipus Rex*)、《哈姆雷特》(*Hamlet*)和《卡拉马佐夫兄弟》(*The Brothers Karamazov*)。这三个例子中，俄狄浦斯情结的主轴都很鲜明，而无意识幻想与弑父愿望有关，以满足俄狄浦斯情结，而这些作品的艺术性技巧和成功在于故事中增加的丝丝入扣的张力、若隐若现的动机，对于充斥的冲突、罪恶感和羞愧感提供了满足和补偿。显然，我们的兴趣已从单一的白日梦，进展到与愉悦的经验是如何被处理的有关的领域中。

对弗洛伊德来说，愉悦更深沉的形式与无意识幻想的满足有关。创造性艺术家使用的创作形式被视为刺激性激励，一种可以达到最深度愉悦的美学手段。然而，即使在此篇文章的讨论内容中，弗洛伊德却以左拉后期的作品为例来切入这个论点。他指出，在心理小说中，作者并没有从一个主人公冲动的满足感中得到他本质的满足感，而是形成了一个身份认同。现代作者可能会将他的自我分裂成几个部分。这几个部分被赋予其作品中的多个角色，并且将他自己生活中冲突的议题"拟人化"了。这个机制近似做梦者使用的方式，他们以替换和浓缩来表达他潜在的想法，藉此有条理的方法满足了愿望的冲动。虽然弗洛伊德因此愿意赞扬创造性作家发明和展开这样创造性的技巧，但他仍旧倾向将这种做法描述成是为了要满足更深层愉悦的刺激性激励。

在阅读《创造性作家与白日梦》时，我们必须记住这篇文章是弗洛伊德早期的作品，当时他并没有赋予结构概念较高的重要性。对这篇文章来说，结构概念从根本上可以说是旁白。非常有趣的是，在描述游戏中的孩童和创造性作家的相似之处时，他指出孩童"重新安排"了其世界中的事物，因此，这暗示着至少在幻想中也有结构概念。在描述作家如何将他的自我分配到作品中的不同角色时，他也运用了相似的方法。而在他后期作品中占有核心位置的结构概念，在此仅惊鸿一瞥。

我们已经开始知道创造性作品在自我和驱力中产生愉悦的过程是很常见的。它不仅仅是激励或是前期快感的例子，我们可以不因其内容而因其表现方法感到愉快。当我们考虑到非再现的视觉艺术或音乐形式时尤其正确。我们获得的满足不能单从与无意识驱力的衍生物有关的愉悦来理解。例如，次发的自主性、支配力、功能的最理想运用所获得的满足，甚至领会的增加和因想象领域的创造而获得的满足这些概念，都应该是艺术作品的额外价值。

虽然弗洛伊德大笔一挥来描述，且被认为是对艺术作品的观点相对较局限，在其他文章中，他却更热切地关注创造性作家对于我们了解自己和自身世界的贡献。他认为自己从富有想象力的深度和广度的阅读中获益良多，也感谢具有洞察力的作家让他的洞察力常常因此被催化并唤醒。我确信他会同意伟大的艺术作品不仅让我们可以不自责及不羞愧地享受我们自己的白日梦，也丰富了我们的经验和知识，如果没有它们，我们会感到多么失落。

## 参 考 文 献

Breuer, J., and Freud, S. 1895a. *Studies on hysteria*. S.E. 2.
———. 1895b. *Studien über Hysterie. Gesammelte Werke* 1. London: Imago, 1952.
Freud, S. 1887–1902. *The origins of psychoanalysis: Letters to Wilhelm Fliess, Drafts and notes*, ed. M. Bonaparte, A. Freud, and E. Kris. New York: Basic Books, 1954.
———. 1900. *The interpretation of dreams*. S.E. 4 and 5.
———. 1907. Delusions and dreams in Jensen's *Gradiva*. S.E. 9.
———. 1914. *The Moses of Michelangelo*. S.E. 13.
Segal, H. 1991. *Dream, phantasy and art*. London and New York: Tavistock/Routledge.

# 白日梦的临床价值及其在性格分析中的作用

哈罗德·P. 布卢姆❶（Harold P. Blum）

弗洛伊德所著的《创造性作家与白日梦》（Freud，1908）是精神分析应用于文化上的一个里程碑。文章中论述了幻想实现愿望的功能，弗洛伊德也提到了梦能够实现愿望的特质可能源自于它与梦和白日梦的相似性。考虑到白日梦的特性以及艺术家如何以改变及伪装其白日梦的方式来柔化其白日梦的特质，弗洛伊德也介绍了防卫的维度。白日梦属于意识的愿望和防卫，而此篇文章也可被视为介绍冲突和妥协形成（compromise formation）的研究。创造性作家"呈现幻想时是以纯正的——即美学的——愉悦方式来收买我们……甚至可以说，大部分成效归功于作家让我们尽可能地享受自己的白日梦并免于自责或害羞"。弗洛伊德指出，艺术性创造来源可在幻想中发现，而且集体或分享的幻想出现在孩子们共同的童话故事以及民族的神话与传说中。这些幻想，尤其和潜抑的愿望相关的，也出现在神经症患者的潜在症状和人格异常中。在梦、白日梦或症状的扭曲变形下，存在的是儿时同样的无意识愿望和冲突。

白日梦通常会提供极大的喜悦，其程度比得上孩童时候的"空中楼阁"，可被视为私人且珍贵的财产。弗洛伊德指出幻想的产物随时间改变，而且随着每一个新印象得到"日期记号"。白日梦，或者说意识幻想，徘徊于三个时间点；也就是说，它与当下的忧郁有关，联结过去的儿时经验，并创造未来情境让愿望实现。因此，这篇文章不仅在幻想的心理学、幻想的美

---

❶ 哈罗德·P. 布卢姆是纽约大学精神病学临床教授，纽约大学精神分析研究所的培训和督导分析师，也是国际精神分析协会（IPA）的副会长。

学中，而且在精神病理学和精神分析重新建构的规划上都有很重要的贡献。

弗洛伊德思考了白日梦和游戏之间的关系，他观察到这两种活动平行且相互映射。孩童会严肃地看待游戏，"游戏的反面，并不是严肃认真，而是实实在在"。创造性作家就像游戏中的孩童，而语言保留了孩童的游戏和戏剧的关系。就像白日梦一般，诗和戏剧连接现在和过去、幻想和现实，以及内在需求和外在顾忌。在白日梦中，个体相对清醒且意识到白日梦和现实的存在及两者的不同。弗洛伊德于1911年指出，白日梦必须依赖现实感的发展。他把意识幻想的产生与现实原则的发展相连，而意识幻想的产生是与快乐原则有关的。白日梦，或是意识幻想，被描绘成类似于黄石公园的保护区，已经受到现实原则规范的教化。

在精神分析的早期，弗洛伊德对于白日梦前瞻性的说明，可以视为后人研究精神分析中幻想的结构、功能及意义的原型和范例。在意识状态改变时产生了一系列的幻想，例如将睡时及将醒时的幻想、在躺椅上由自由联想而产生的移情幻想，以及清醒状态下的幻想。在1908年的这篇文章中，弗洛伊德没有讨论到不同种类意识幻想间的差别。他无意去区分短暂的幻想和从孩童或青少年时期持续到成人期的相对一成不变、较持久的白日梦。在白日梦被视为三区的精神结构间的妥协形成前，它们被理解为不仅仅是介于愿望和防卫，也是介于潜抑的过去和现在利益之间的妥协。

弗洛伊德也在1908年的此篇文章中勾勒出白日梦在艺术升华中的作用，但不是指白日梦以试验、排练或计划真实行动或实验客体关系的形式，来适应现实的角色。事实上，我们可以用后来发展出来的精神分析理论和知识，来更新弗洛伊德关于白日梦的原创文章中的观点。因此，白日梦不仅得以和真实区分，也和假扮游戏核心的暂停现实和从现实中休假有关（Waelder, 1932；Peller, 1954）。幻想和游戏都是安全的，不受现实世界的影响。这个部分在后来可被理解为解脱，不仅免除现实因果，也免于自我批判和超我的谴责。

假扮的能力确实占据了幻想和现实之间的位置，也使得婴儿期的全能幻想和神奇的控制力，在幻想的创造及幻想游戏中得以延续（Winnicott, 1971）。白日梦就像意识幻想一样在游戏中以行动展现，但成年之后的白日梦却取代了儿时的游戏。弗洛伊德所谓的游戏大多也指向孩童典型的白日梦，尤其是想要长大和强壮的愿望，他强调那是孩童游戏中具有决定性的愿望。弗洛伊德认为成人为他自己的幻想感到羞愧的一个原因是他们太幼稚。白日梦变成不被容许的，就是后来超我对白日梦的态度特征。

弗洛伊德指出白日梦发生在两性的频率是一样的，但发生在女性的白日梦总是具有情欲的本质，而发生在男性的白日梦则可能是情欲的或是有野心的。因此，女英雄为情欲而战，而男英雄在白日梦中对英勇事迹的幻想只是为了取悦女人及在所有情敌中成为她的最爱。这个论述暴露了作品完成的时代，但不再代表精神分析对这个主题的想法。两性都可以有自恋的、有野心的及同性恋的白日梦，或其他形式的幻想。但是性别往往会影响白日梦的主题，比如怀孕幻想。与自我支配有关的幻想则发展较慢，平行于结构理论的发展和对自我功能兴趣的发展。幻想及其在游戏中的行动可以将被动转成主动，并通过重复来帮助掌握创伤经验。重复本身可以被控制及调整，而使得创伤经验有较令人满意的结果。

在同期的文章《歇斯底里幻想及其与双性恋的关系》（*On Hysterical Fantasies and Their Relation to Bisexuality*）（Freud，1980b）中，弗洛伊德进一步提到白日梦，并特别论述了幻想和症状间的关系。有趣的是，弗洛伊德（Freud，1908b）说："迄今，我所能研究过的每一个歇斯底里发作都证明是白日梦不自觉的爆发……我们的观察不容再怀疑这样的幻想可以是无意识或是意识的；一旦意识幻想变成无意识时，它们也可能变成病态的……在有利的情况下，客体仍可能在意识中捕捉这种无意识幻想。"

虽然白日梦对理解创造力和精神病理学是重要的，但我们不得不注意的是，弗洛伊德在1908年提到的白日梦未在文献中受到足够的重视，至今仍是如此。白日梦没有例行在临床报告和连续的个案讨论会中被提出，也一直不是精神分析委员会和座谈会中明白的主题，反而是梦一直居于精神分析的理论、实践及教育的重心。在机构及督导中，梦的理论和诠释被教导着，而且经常被包括在督导讨论会的研讨中。分析师和病患对白日梦的忽视，可能部分归因于精神分析在会议和文献中对白日梦的讨论稀少。每个人都有白日梦，很多人在会议及报告中做白日梦，但白日梦却因其他事被忽略了。除了移情幻想之外，典型的白日梦被贬抑，而梦则倾向于在分析工作中被赋予特别的重要性（Greenson, 1970; Blum, 1976; Brenner, 1976）。

白日梦无法真正与意识幻想区分，因此陷入广泛的幻想研究中。有一种特别的白日梦——自慰幻想，已经受到特别的关注，而许多白日梦其实是自慰幻想伪装或转变来的。弗洛伊德在1908年时，对白日梦如何调节内在压力和现实需求着墨不多，不如他对于白日梦如何代偿没有满足的内在愿望及对于现实的失望的强调。关于白日梦复杂的衍生物、白日梦或意识幻想和无意识幻想间的关系以及无心理学的幻想，在很久以后才得到说明（Sandler & Nagera, 1963）。

如同梦一样，白日梦本身不属于精神病理的范围。幻想的能力是发展过程中必需的成就，它帮助我们适应现实。然而，如同弗洛伊德和之后温尼科特（Winnicott, 1971）所提到的，过度沉浸在幻想中或过度地反抗幻想都可能代表病态倾向。如今，我们了解到白日梦可能是重复的、强迫的且容易上瘾的。一些弗洛伊德早期的说明（Freud, 1908b）指出白日梦可能是短暂的或持久的，可能是恼人的或有趣的，也可能是令人愉快的，或突兀且令人不悦的。除了情欲幻想外，自恋、攻击和惩罚幻想都很常见。同时，也有压迫、奴役、报复与雪耻等白日梦，而拯救幻想有时和创伤性攻击有关。

典型的家庭浪漫史幻想，如同弗洛伊德在另一篇同期文章（Freud, 1908c）中提到的，可被理解为用来补偿俄狄浦斯失望和自恋受创的方式。我们常在白日梦和童话故事中看到，由自我夸大和理想童年里的理想父母的愿望转变而来的英雄人物。无论是否通过言语，孩童的白日梦会在他们的游戏、绘画或其他各种各样的行为中再现。被父母角色威胁的英雄人物总是获得胜利；意识幻想——也就是白日梦——基于反抗及报复阉割威胁，因此，那个用阉割威胁的大人终究会被阉割。在典型的白日梦中，严厉冷酷的大人和权威角色被打败，英雄或女英雄找到神奇的保护和安慰，来抵抗发展中的各种危险情境，受创的自恋和自尊因此得以修复。

然而，在其他情境中，例如受虐、自惩或是其他令人抑郁的白日梦中，虽然可能有掩藏起来的无意识的满足，但白日梦在意识上可能为令人不快的经验。治疗上，白日梦总有着移情的面向，因此，病患对白日梦的态度、对白日梦的述说以及白日梦的种类都很重要。白日梦的形式和内容可能明示着防卫和适应功能。易受伤的小孩成为刀枪不入的男主角或令人无法抗拒的女主角，因此，在无所不能的保镖、仙女般的教母及守护天使的保护下，小孩得以成功。

在安娜·弗洛伊德的第一篇文章《挨打幻想与白日梦》（*Beating Fantasies and Daydreams*）（Anna Freud，1922）中，她描述了弗洛伊德最初在《一个被打的小孩》（*A Child is Being Beaten*）（Freud，1919）中所提到的意识及无意识受虐幻想在发展上变化的复杂性。她呈现了与中心自慰幻想联结的受虐幻想，如何渐渐地被它们的处罚与折磨元素驯化，剥除了与性兴奋和自慰的关联，被社会化，之后被描述为"好故事"。这变态的受虐狂展现的是没有明显性满足的受虐角色。与这种施受虐以及惩罚内容的转化和驯化有关的，就是后来所谓自我和超我的逐步修正和升华。"剑已被捶打成犁头"，因此作者现在能将先前遭禁止的幻想与他的听众分享，并同时娱乐自己和他的听众。这样就达到了内在肯定而非自责的目的，另外提供了自恋性的报偿和社会认同。

这种重复、定型且持久的白日梦，这里指的是受虐幻想，是这篇文章特别有兴趣讨论的。白日梦曾经被认为主要反映人格组织中被压抑的层面，不去考虑性格倾向或它们对人格组成的可能影响。贯穿所有发展阶段的白日梦可能不只反映了性格，也影响性格的形成。性格发展可能被过度影响，但长久以来，人们已经知道无意识幻想和某种特殊性格倾向有关系。以受虐性格为例，通常可预期会有无意识挨打幻想，而某些受虐型的病人则保留有意识挨打幻想的倾向。

然而，从孩童持续到成年生活中的意识受虐白日梦的作用，不论是否伴随性觉醒或自慰，在性格形成中的作用很少被探索。这样的白日梦，曾被理解为无意识施受虐幻想的自我编辑的临床表现，而不被理解为本身对发展很有意义。对性格发展的影响最开始被归因于持续的无意识幻想。尽管有些病人企图让他们的白日梦成真，或保护他们最糟的幻想，将此作为主要的生活主题，但持续性白日梦的可能发展的影响仅仅被暗示而已。持续且题材主题有变化的白日梦因为接近自体和意识经验，且只有费尽很大力气才能放弃，对于发展可能有其自身的影响。由于关系到人格且属于人格重要且私密的部分，持久且定型的白日梦与一些艰涩但重要的议题相连，例如自体、本体，以及性格。

在精神分析文献中，其中一篇先驱性的个案报告就贴切地运用白日梦分析孩童，且记录了一个预知的和持续的白日梦。一个处于潜伏期的女孩做的白日梦是自己的死亡。"我希望我根本不曾来到这个世界上；我希望死去。有时候我假装我真的死了，然后以动物或洋娃娃的形态回到这个世界。但是假如我真的以洋娃娃的形态回到这个世界，我知道我一定会属于谁——一个以前我的护士照顾的小女孩，她会特别善良可爱。"（Freud，1946：21）虽然兄弟姐妹和俄狄浦斯冲突被详尽叙述，似乎有孩童期忧郁在如此早期未被认出或可能未被诠释。这个小女孩悲伤的白日梦有着抑郁情感和失败主义态度，证明她是潜在的忧郁精神病理及预测自我毁灭倾向的代表物。四十多年后，在她的中年压力和冲突影响下，这个病人将她的白日梦付诸行动而自杀了。

在当代的分析中，会根据精神结构及性格结构、改变的自体及客体表征，以及把白日梦或其衍生物在分析情境和生活中行动化的倾向，检视此类白日梦。白日梦是一种经妥协而形成的特别形式，是由无意识幻想而生的并促进其意识幻想（Sandler & Nagera，1963）。在理论及技术上，阿洛（Arlow，1969 & 1985）已描绘了无意识幻想在理论和技术上的重要性，在地形连续体上提供了对幻想的连续阐述。然而，应该注意的是，意识白日梦受到潜抑并被并入无意识幻想，就是影响症状、特质和人格组成的另一个途径。

现在，我要提供一个当代分析工作的例子。这是一个持久的白日梦，对于这个病人有主观上的特殊意义。这个白日梦非常符合她的个性，在她的分析治疗中是一条红线（Neubauer，1993）。她想起这个意识白日梦发生于她的青春期之前，她认为它可能开始于她的潜伏期，且以各种变形持续伴随她进入成人期，包括她的分析经验。

我这个病人的白日梦是这样的，她受到同学们的赞誉，起先是一位老师，之后学生自治组织指派了一个学生情人给她作为选择。谁将爱她不是运气的问题，也不完全由她选择，那是一种命令式的爱情。她不会主动赢得这个情人的感情，这暗示了她的自卑。当她读着很多同学写的大学毕业后取得的成就时，她产生另一个与这个白日梦有关的幻想，幻想着她的伟大成就就是拥有好几段精彩刺激的婚外情。这"精彩的"成就和一个"新的"变形的白日梦结合。在新的白日梦中，她是一个拥有令人无法抗拒其美丽和魅力的女人，她可以迫使其选中的情人向她表现出他的吸引力和感情。虽然这些白日梦与她的婚外情有关，也有强烈的移情意义，但她对我并没有发展出情欲性移情。

因为病人经常想到它，这个连续、规律重复的白日梦对分析是有利的，和那些短暂出现的、疏离的且随时可以被忘记的梦或白日梦不一样。作为无意识幻想系统的意识联结，白日梦常常也是病人会一再回味的自慰幻想的转化、伪装的衍生物。就这个案例而言，与婴儿自慰幻想的联结已被切断，但其变形和青少年后期及成年自慰有关。那白日梦似乎保留自慰性把玩那种迫使的力量和愉悦感。那一连串组织完整的白日梦可能提供给病人统整的功能，协助他们全面适应现实的失望和内心需求的受挫。白日梦如同非常私人的、隐秘的和享有特权的戏剧一般，只有部分和自我融洽，才可以配合性格的分析。

这个病人三十出头的时候开始接受分析，当时她有着症状和明显的性格问题。虽然她正为心因性胃炎和痉挛性大肠炎所苦，也有慢性焦虑，而且有抠咬指甲的倾向，在第一次会谈时她不理会这些症状。更确切地说，她展现出一种性感但自虐式的性格，她有很多连续的且同时发生的婚外情。她寻求帮助是因为她为这些婚外情感到困惑和烦恼，而且她想知道自己是否是个花痴。她正处于婚姻危机的痛苦中，因为她的丈夫刚得知她和他们一个共同的男性友人有婚外情。事实上这些婚外情早在他们的孩子出生后不久就开始了，当时她的丈夫因公务远行。她感到被遗弃、怨恨、寂寞且需要感情抚慰。她过去不曾真正感到自己是美丽的、受欢迎的且被渴望的，当她还是大学生时，她很快就答应了丈夫的求婚。虽然他与她在教育和文化上的兴趣不同，他比她长几岁，看起来世故又睿智，在他的领域中他是一个成功的男人。直到她在抚养自己的孩子上有困难时，发现自己对孩子和丈夫没有耐心，而且她无法说服丈夫在出差时带着她或在家做一个热情的爱人，她才开始对自己的婚姻感到幻灭。

开始治疗后不久，她描述了可追溯到其青少年之前的这个栩栩如生、反复出现的白日梦。她没有把这个白日梦和她诱惑的行为相联结。她有着想象自己是一个像唐璜一样的女性的意识幻想，但否认有卖淫幻想。她下意识地将这个白日梦及其衍生物，与目前的现实情况和最近的经历相联结。她没有认识到这个白日梦也和她的童年及特殊的家庭经历有关。起初，她迟疑着要不要说出这些，担心自己会被认为是幼稚的且丢脸的。主观上，她觉得困窘甚于羞愧，她的幻想带着骄傲。她也很好奇为何在她的心智生活中它似乎很吸引人又很重要，也如此清晰、重复地被她记起。这个白日梦本身是简短的，而这个病人也没有过度沉迷在不受控制的白日梦中。有一些初期暗示说明这个白日梦是为了补偿早年的自恋伤害和痛苦经验。伯恩斯坦（Bornstein, 1951）描述了他所分析的一个孩童的白日梦的片段，他诠释了白日梦里幻想当中的否认态度。这个孩童将羞耻反转成荣耀，而这样的反转持续被运用在防卫情感和冲动上。

我的病人的白日梦是分析所关心的以及她逐渐的自我探索的目标，也利于将来接近她的无意识冲突和幻想。她引诱式的作风被用以避开攻击，用以维持全能的力量和控制，并经主动的操控而不是被动的受害，来修复并主宰孩童和婴儿时期的创伤（Blum, 1973）。强迫和控制的议题很快浮现。在引诱的背后，隐藏着病人为迫使其爱人关注她、满足她对情感的需求，以及控制她自己及其爱人的情感、冲动和任何可能被遗弃或被拒绝的威胁所做的努力。当她使其伴侣达到性高潮而她自己没有性高潮时，她觉得最有掌控感。在无意识中，她耗尽他的精力，阉割了他，使他变得无助和性无能，并霸占了他的阳具和力量。她常在高潮后哭泣，因为她无意识的渴望受挫，对乱交感到罪恶，以及她的性伴侣会因她的攻击和僭越而报复她的预期。她害怕幻想和现实中的责难和遗弃。这哭泣也代表了失控和象征性的失禁。

因为她的罪恶感和悲痛实在太强烈了，于是很长一段时间她试着再度得到丈夫的爱，并避开离婚和被拒绝的威胁。此外，在他们为她的爱而竞争的错觉中，她想使她的丈夫和爱人们相互嫉妒。她引诱的风格看起来明显与企图克服因最初情景和家庭引诱而产生的排斥、强烈兴奋以及挫折有关。在她的整个童年时期她的父亲曾经常在她面前裸体，而她的母亲和哥哥会用眼睛或手去检查她乳房的发育。因为她的许多性幻想和反应带有乱伦的性质，当她感觉兴奋的同时常感觉到恶心和罪恶。她害怕变成花痴，这显然和其卖淫幻想的无意识有关，而这卖淫幻想既是乱伦的又是同性恋的。她的白日梦紧扣着儿时引诱、过度刺激，以及缺少父母保护和设限的事实。强迫的主题不断出现，她试图支配治疗的长度和频率；在治疗的早期，她甚至想控制诠释的时机和内容。学生自治组织代表她的父母及之后的分析者，来强迫她的兄弟姐妹，尤其是她的哥哥，以同学的角度来爱她，并确保她在俄狄浦斯或兄弟姐妹的竞争中得胜。

当然，控制最基本的议题之一是对冲动的控制。另外，与此有关的是病人害怕自己无法控制自己的思想、感觉、行为和括约肌。在她的白日梦中，控制由她自己或权威者达成和练习，在梦中却经常失去控制。当她回想到有一次月经棉塞掉出了她的阴道，她无意识地幻想着阴道失控流血。肮脏的和需要大量沐浴和香水的幻想，是她觉得"不洁净"与罪恶感的退化性表征，也使她觉得丢脸。她害怕自己想要被玷污和降格的攻击愿望，也害怕变成猥亵和蒙羞的对象。接着她透露她害怕无法有力地控制括约肌，以及被当成粪便和屁一般被排斥，这种害怕使得她有时候在约会前必须使用灌肠剂。在这种方式下，她失去了控制但同时也让她确信自己处在控制中，以得到赞同而非轻蔑。

在母性的移情及童年时期母女关系的重建之下，强迫及失禁随后展现出新的有趣的共同点。她的母亲一直以来被描述为温暖、体态丰盈、有文化涵养、对女儿感到十分骄傲的人，现在看来也是强迫他人、控制欲强且多管闲事的人。这个病人曾受到严格定时的喂食、相当严格的如厕训练，以及关于说话、游戏、睡觉时间等严厉的规范和教条。可能童年时她的肠胃不好，母亲也常常给她使用灌肠剂。回顾其肠胃症状，可能是她对于母亲严厉的教条、侵入性的态度、身体的侵犯以及剥夺身体功能的独立和自主反应。灌肠剂同时令人兴奋和气愤，而且在她生命中被重复地自我操纵。她婚姻之外的引诱可以比作引诱创伤，代表她母亲对其肛门进行强暴以及伪装在异性恋之下的同性引诱。异性恋的"花痴"掩盖及阻挡了她对同性恋的渴望及恐惧。

与童年创伤有关的剧烈的自恋伤害，在白日梦中拥有强迫的爱和无法抗拒的美貌而得到补偿。

## 讨论

在分析的过程中，相比意识状态发生显著改变时的幻想或梦，病人的白日梦更接近分析的表层以及有关防卫、风格、性格的议题。身为一个迷人的女人和可供选择的诱惑者，她似乎没有贬低或诋毁自己，而且意识上也绝对没有认为自己卖淫。她也没有觉察到其自虐和自我打击倾向的强度。她自恋的外观已梦幻般地将自己表现为令人向往的、愿意付出一切的、诱人的玩伴和深谙人情世故的伴侣。在社交上她可以战胜、征服并暂时赢得她的英雄。她的白日梦事实上比她的梦更接近其意识性格和自我风格，也更接近她对支配和升华的努力。

这个白日梦有退化和前进两个维度的倾向。白日梦可能实际上是现实和行为改变的前奏，不论这些行为是否合理地被建造。白日梦可能是为了把愿望的实现和防卫表现出来，也可能是为了自我而作为退化的一种形式而起作用，以利于科学和艺术的创造。虽然白日梦逃避且暂缓现实，矛盾的是它们却也容许并计划回到现实。哈特曼（Hartmann, 1939）特别指出幻想在适应现实以及对现实的想象性、实验性地操纵中的角色。与性格息息相关的是，病人适应外在现实的习惯模式，以及固定地妥协于冲突的方式。对这个病人的白日梦和变化所做的分析工作，特别是该变化在治疗分析过程中是逐渐进化的，促成了她性格病态的化解。

持续的白日梦并非只因带来的欢愉，才使得它变成珍贵且需要紧紧握住的财富。也因为这类白日梦的整合层面与适应及性格有关，也和接近自体和意识经验有关。病人通常不会说出白日梦，因为那是自己非常私密的一部分。既然白日梦被病人的意识所控制和创造，所以病人觉得自己必须对它负责，且同时自相矛盾地感到它与自我一致又背离。白日梦中与自我一致的面向，与性格病理的其他方面和表达方式比较起来，较容易被分析所接近。这个病人的强迫性控制和全能性强制，是从移情以及她生活中白日梦行动化的重新建构中分析出来的。她深具特色的白日梦因此成为性格分析的工具。

因白日梦是幼稚的创造，不完全符合成人的理想和价值，人们通常带着困窘和羞愧在描述它。也可能是无意识的罪恶感，但暴露秘密的自我私密和幼稚的那一面通常涉及羞愧和对羞愧的抵抗。被反转为光荣英雄主义的羞愧，可能是白日梦中潜藏的一部分，但应该要注意的是，随着生命阶段的不断发展，对白日梦的态度也会改变。如同弗洛伊德（Freud, 1908a）注意到的，成人对于他幼稚的创造感到羞愧。白日梦让病人可以反转失败为胜利，并战胜创伤，但同时反复经历梦幻理想和平凡生活的鸿沟，所以白日梦是幸福也是负担。

这个白日梦是此病人理想化自我的一部分，若没有放弃魔法般的控制和婴儿全能感，她不可能放弃白日梦。其婴儿全能感是她自恋和自虐的一面，从根本上而言与她控制和协迫的特性密切相关。唯有靠分析来驯化其婴儿全能感，她才可能放弃各种形式的性格病理和持续的有组织的白日梦。

最后，谈谈分析者对白日梦的补充。分析者对病人的白日梦在分析中及分析之后的过程，为他对反移情和自我分析的自我审视提供了有价值的来源。考尔德（Calder, 1980）注意到白日梦和当下的经验有极相似之处：它们都与自我一致，容易自我观察和研究，也因此有自我分析的价值。我们有分析的反移情团体，却未留意和报告病人及分析者的白日梦。分析者的白日梦可能是洞察他自己的以及病人的冲突的源泉，也将反映出他的性格和自我风格。白日梦的意识中心，是观察中的自我和经验中的自体。自体几乎永远在白日梦戏码的中心。这有助于防止白日梦被暴露出来，也使白日梦在临床和理论上的重要性得到人们的重新认识。

## 参 考 文 献

Arlow, J. 1969. Unconscious fantasy and disturbance of conscious experience. *Psychoanal. Q.* 38:1-17.

———. 1985. The concept of psychic reality and related problems. *J. Amer. Psychoanal. Assn.* 33:521-35.

Blum, H. 1976. The changing use of dreams in psychoanalytic practice: Dreams and free association. *Int. J. Psycho-Anal.* 57:315-24.

Bornstein, B. 1951. On latency. *Psychoanal. Study Child* 6:279-85.

Brenner, C. 1976. *Psychoanalytic technique and psychic conflict*. New York: International Universities Press.
Calder, K. 1980. An analyst's self-analysis. *J. Amer. Psychoanal. Assn.* 28:5–20.
Freud, A. 1922. Beating fantasies and daydreams. In *Writings* 1:137–57. New York: International Universities Press, 1974.
———. 1946. *The Psycho-analytical Treatment of Children*. London: Imago.
Freud, S. 1908a. Creative writers and day-dreaming. *S.E.* 9.
———. 1908b. Hysterical phantasies and their relation to bisexuality. *S.E.* 9.
———. 1908c. Family romances. *S.E.* 9.
———. 1911. Formulations on the two principles of mental functioning. *S.E.* 12.
———. 1919. A child is being beaten: A contribution to the study of the origin of sexual perversions. *S.E.* 17.
Greenson, R. 1970. The exceptional position of the dream in psychoanalytic practice. *Psychoanal. Q.* 39:519–49.
Hartmann, H. 1939. *Ego Psychology and the Problems of Adaptation*. New York: International Universities Press.
Jones, E. 1955. *The Life and Work of Sigmund Freud*. New York: Basic Books.
Neubauer, P. 1993. The clinical use of the daydream. Presented at the panel Clinical Value and Utilization of the Daydream, American Psychoanalytic Association, December 1993.
Peller, L. 1954. Libidinal phases, ego development, and play. *Psychoanal. Study Child* 9:178–98.
Sandler, J., and Nagera, H. 1963. The metapsychology of fantasy. *Psychoanal. Study Child* 18:159–96.
Waelder, R. 1932. The psychoanalytic theory of play. In *Psychoanalysis: Observation, Theory, Application: Selected Papers of Robert Waelder*, ed. R. Guttman, 84–100. New York: International Universities Press.
Winnicott, D. 1971. *Playing and Reality*. New York: Basic Books.

# 关于幻想和创造力的一些反思

乔斯·A. 因方特❶（José A. Infante）

《创造性作家与白日梦》（Freud, 1908）是弗洛伊德除了在《梦的解析》中的一些评论外，初次尝试将精神分析的观念应用于文化上。在该情况下其意图在于有助于理解创造性作家的作品（标题中的德文"*Dichter*"有时候被翻译为"诗人"，但这个字实际上包含所有创造性作家，包括小说家或剧作家）。

弗洛伊德以询问作家获得写作题材的源泉，以及为何他可以让我们如此感动为开头。尽管他宣称就算知道左右著作家选择写作题材的情境及其艺术的本质，也丝毫不可能帮助我们自己变成创造性作家，弗洛伊德表达了可能发现所有人类共同的某些相似活动的希望。他接着告诉我们，所有孩童在游戏中创造了属于他们自己的世界，以取悦自己的新的方式重新排列事物，此现象在本质上与诗人、小说家或剧作家所做的事相同。然而，除了作家之外，所有成人都会用幻想来防卫令人不满意的现实。在这两个例子中，当下的事件唤起婴儿期的记忆，因此整合了过去和现在；幻想创造出所有的问题都将在想象中得到解决的未来。弗洛伊德因此推论创造性作品所提供的真正快乐来自于张力的释放，并在讲稿中做出结论：我们正处于这些崭新、涵盖广泛且复杂的研究领域的起点。

这些问题以两条主轴并行：幻想在一般心智现象中扮演的角色，以及它

---

❶ 乔斯·A. 因方特是智利精神分析协会和美国精神分析协会的成员。他是一名培训和监督分析员，在智利精神分析协会及其研究所以及 IPA 委员会中担任过数个行政职务。

在艺术家的创造力中扮演的特殊角色。这两个方面都已成为许多会议及出版品的主题，而我在此只讨论我认为与该问题现在的地位最相关的部分。

## 斯德哥尔摩讨论会

关于幻想的讨论在 1963 年的斯德哥尔摩国际大会上举行，此大会中有几个杰出的与会者，他们的文章皆被刊登在国际精神分析期刊（第 45 卷，4~7 月，1964）。在此盛会中，桑德勒和喀格拉（Sandler & Nagera）将弗洛伊德关于这个主题的著作总结如下。

① 意识的幻想或白日梦是对令人失望的外在现实产生的反应，藉此产生想象中的愿望实现，来暂时减低本能的张力；现实判断被有意识地摆在一旁。

② 被描述为无意识的幻想分成两种：一种源自于前意识系统，与意识的白日梦相似；另一种则经由潜抑作用被转移到无意识系统。

③ 当一个意识或前意识幻想被潜抑时，它的功能就如同本能满足的记忆，可以提供冲动在概念上的内容。

汉娜·西格尔根据苏珊·艾萨克斯（Susan Isaacs, 1948）所提供的关于在第二次世界大战期间，在伦敦发生的所谓的争议讨论会的稿件，归纳出克莱茵学派的观点。艾萨克斯的文章基本上强调了幻想必须被视为在心智上与本能相关，因为本能从出生就开始运作，某种幻想的粗略形式在此阶段被认为已经很活跃。根据这个观点，初次的饥渴的和用来满足于本身的本能的企图，伴随着一个有能力提供这种满足的客体的幻想；同样，有理由假设死亡本能和破坏性冲动也在幻想中得到满足。

这篇文章的另一个重点是幻想概念和心智机转概念相关性：所谓的防卫机制被视为无意识幻想功能的抽象描述。

摘要了艾萨克斯的稿子之后，汉娜·西格尔转而讨论幻想和思想的关系。一开始，她引用了弗洛伊德《关于心智功能两个原则的论述》（*Formulations on the Two Principles of Mental Functioning*）（Freud, 1911）中的话:"随着现实原则的出现,某种思想活动被分裂;它免于现实判断且仍独自隶属于快乐原则。这种活动就是幻想。"换句话说,思想为了现实判断而发展,作为保持张力和延迟满足的一种方法——如此一来,幻想和思想这两者使精神结构有可以忍受张力而不用立即释放的可能性。西格尔补充说,假如挫折过于严重或孩童几乎没有维持幻想的能力,行动的释放就会发生,通常伴随着不成熟自我的崩解。

西格尔强调此观点和拜昂在《从经验中学习》(*Learning from Experience*)(Bion, 1962)提出的观点巧合,即思想产生于"先入之见(preconception)和适当的感觉印象紧密结合"时。西格尔表示这种先入之见属于孩童的幻想——起初是好乳房和坏乳房——根据拜昂的说法,先入之见和感觉印象相配的结果,主要取决于孩童对于挫折的忍受能力,以及环境将挫折维持在忍耐范围内的能力。假如情况是孩童无法忍受现实的理想幻灭,那么全能幻想将延伸,且现实感知将被否认且消灭。此孩童将继续以全能幻想生长发育,而思想却无法发展。再者,因为全能幻想无法消除痛苦的刺激源,孩童将越来越被推向投射性认同的幻想,并且攻击他自己的自我——特别是他的感知器官——以企图摆脱这些刺激源。这是导致最严重的精神障碍的路径。

## 布宜诺斯艾利斯圆桌会议

1978年在布宜诺斯艾利斯举办的关于无意识幻想议题的圆桌会议的内容,发表在同年精神分析杂志(*Revista de Psicoanálisis*)的第二期中。

在威利·巴朗热的观点中,弗洛伊德将幻想描述成一个轮廓清晰的产物,不同于其他精神产物,所以事实上他的幻想理论较为局限。另外,克莱茵学派对于这个主题则有较广泛的理论。根据巴朗热的说法,在苏珊·艾萨克斯的文章中提到的无意识幻想显示出两个相互矛盾的形式:第一,作为本能的心智表现;第二,作为主动的联结,构成所有更高阶心智活动基底的基本动力元素——除了创造符号和词汇外,也创造了想象或抽象的思想。

他认为因为克莱茵学派后设心理学中无意识幻想的激增,引起观念的转变,最终使得弗洛伊德学派的无意识观念在无意识幻想的作用下倾向于消失。无意识幻想对弗洛伊德而言，之所以是无意识，是因为其已经历了初级及次级的潜抑，然而对克莱茵学派而言，它是与潜抑无关的无意识。

对巴朗热而言，假如一个人了解到有关的幻想是不同的，那么对于弗洛伊德和克莱茵学派关于这点存在这么多的不同就不难理解了。虽然，两个学派仍具有下列几个共同点：

① 幻想是介于意识和无意识间的调解现象；

② 冲动和防卫结合于幻想中；

③ 有一些普遍存在的幻想（如弗洛伊德的"*Urphantasien*"、克莱茵的身体功能的幻想、拉康的组成主体的神话结构）；

④ 幻想是精神分析诠释得最好的对象。

这些结论尚未解决的问题如下：

① 幻想在理论上有一致的论述吗？还是我们必须接受有不同种类的幻想存在，且有各自的状态？

② 幻想和本能的关系要如何阐明？

毛里求斯·阿巴迪（Mauricio Abadi）在圆桌会议中提出他的假设，幻想是和"妥协形成"（compromise formation）同类的存在，一方面和愿望结合，另一方面和稽查作用及防卫机转结合。那是什么引起幻想的？他的答案是，有效的动机是愿望，最终的动机是实现愿望，而有形的动机就是记忆。他补充说，那些构成幻想的记忆基本上源自于个体婴儿期的经历，但之前不断累积且有系统的、源自于文化的记忆作为一个整体的复合物也参与其中。

## 更多关于"争议讨论会"的部分

安妮·海曼（Anne Hayman）在1989年的文章中，仔细讨论了克莱茵和她的拥护者与那些"更为正统的精神分析学家"之间，对于幻想的观念上的一些差异。她的资料主要来自讨论会的会议记录。

海曼首先说明弗洛伊德将幻想视为自我的功能，产生富有想象的内容，以努力实现没有被满足的愿望，而愿望可能是意识的或被潜抑的。

拉普朗升和彭塔利斯（Laplanche & Pontalis, 1967）在定义幻想时，也提出相同的观点："在想象中的画面里，个体是主角，以或多或少被防卫过程扭曲的方式，呈现了愿望的实现（在最新的分析观点中，这里指无意识愿望）。"海曼主张克莱茵的不同之处在于她将幻想的观念延伸至看起来非常不一样的形式，她将幻想视为：

① 主要是无意识的，属于无意识心智过程的原发性内容；
② 是本能驱力的心智表征和必然结果，心智中没有幻想时无法运作；
③ 基于弗洛伊德假设的幻觉式愿望的实现；
④ 也被详尽阐述成防卫、愿望实现和焦虑内容。

在这个讨论中，格洛弗（Glover）认为幻觉式愿望实现是次发于认识现实后挫折感的产物，因此不是无意识心智过程的原发性内容。

艾萨克斯为了反驳这个说法，提到弗洛伊德认为初级过程受快乐原则支配，它寻求满足却不去认识现实。

海曼主要描述了克莱茵和艾萨克斯，以及安娜·弗洛伊德和格洛弗两边相对的意见，后面的两位主人公不相信很小的小孩就拥有艾萨克斯所说的"幻想"（phantasy）的经验。第三种意见来自于佩恩（Payne）、夏普（Sharpe）、布赖尔利（Brierly）和其他人，他们同意艾萨克斯描述的那些经验但对其定义持反对意见。他们认为这些经验和一般意义上的"幻想"这个单词不同，因此要有一个清楚的区分。夏普认为俄狄浦斯时期的幻想，不像那些更原始阶段的幻想，它具有的特色包括认识现实、潜抑的存在和弗洛伊德派的超我。

艾萨克斯接受这些不同的观点，但希望在每个层面都保有幻想这个词，以强调起源的连贯性。

讨论因此聚焦在幻想这个名称是否应该只用来代表受挫愿望的想象性满足，还是它也应该用来指原始且没有组织的经验及其他心智功能，例如无意识心智过程的原发性内容，或本能冲动的心智表征。

## 美国精神分析学会 1990 年的专题讨论会

西奥多·夏皮罗（Theodore Shapiro, 1990）在这个专题讨论会的介绍词中回顾，在早年的精神分析中，无意识幻想的诠释和情绪的释放是洞察和痊愈的根本关键点（Freud, 1893—1895）。这种说法是以潜抑的动力学表现为前提的，而且坚实地根基于地形学理论。无意识系统的基本特质是初级过程的经济原则，以及情感灌注的流动性（mobility of cathexis），其容许快速的置换（displacement）及象征的转化（symbolic transformation）。这第一个理论恰当地描绘出人类心智中象征化和表征化的过程和呈现，却忽略了隐藏在流动的情感灌注及稳定结构下的明显矛盾，它们不断寻找通往意识的途径，而且表现在行为衍生物上。

从理论的观点看来，夏皮罗表示，这个看法随着结构模式的引进变得更加复杂，而且尽管在北美古典自我心理学家将焦点放在自我、防卫和阻抗上，但许多欧洲学者却重新诠释了弗洛伊德的中心主题的运用：拉康把无意识看作是与他人的对话，主张无意识的结构像语言一样搭建起来，而克莱茵学派却描绘了在生命初期几个月内的无意识幻想。美国中西部出现的观点为自恋和共情是了解无意识幻想的关键，而客体关系理论家强调与母亲相关的生命的变迁，但却小看了多变反常的婴儿期性欲的重要性。

夏皮罗的立场是，分析师若把无意识幻想视为普遍倾向，将会很有帮助，它是一个潜在于行为和思想之下的心智表征，而且可能以语言的形式组织。

在本篇讲稿的最后，他强调关于这个主题仍有很多疑问悬而未决。例如，无意识幻想和分析阻抗间的关系是什么样的？如果不以无意识幻想的诠释为基础，那精神分析疗效的基础是什么？无意识幻想和诠释学解读概念的关系是怎样的？

劳伦斯·B. 英德比津和史蒂文·T. 利维（Lawrence B. Inderbitzen & Steven T. Levy, 1990）在这个专题讨论会中的一篇文章关注点在于重新思考这个概念。他们指出，虽然分析师普遍认同无意识幻想的重要性，但这个概念本身却尚未充分发展及精练，在使用上也越来越不精确。他们注意到弗洛伊德起初是将幻想与意识白日梦相联结作为元心理学的工作成果，之后才把幻想这个词用在其他许多不同的情况中。于是，在检视了无意识幻想在几个不同理论发展的可能轨迹之后，他们认为这个词应该保留于婴儿的那些稳定、持久且相对来说尚未被新经验影响的无意识的动态内容中。

斯科特·道林（Scott Dowling，1990）则在讨论会中提到，刺激幻想形成的心理主题可被分为极相关的两种。第一种是包含不同发展阶段（口腔期、肛门期、阴茎期、生殖器期）中与冲动的表现相关的主题，并伴随相关的情绪，例如对受孕、分娩、竞争、报应和死亡的好奇心。第二种则是包含遗弃、失落、分离、阉割或罪恶所引起的无助感这一主题。全能和控制的幻想是常被用来对抗这些的权宜之计。

道林讨论中的一个重点，是在孩童观察这个领域的最新发现（Stern，1986）上。根据某些人的说法，这些观察支持了克莱茵学派主张的婴孩早期伴随着自体和客体分离的复杂的幻想生活。道林认为这些发现可用其他词汇来解释，而这需要借助一个早期系统，相当于哺乳动物祖先复杂的本能表现。他的观点基于一系列的观察，这一系列观察说明允许对相当大的复杂性产生自动化反应的心理活动前驱的新生组织的存在。

莫顿和埃丝特尔·沙恩（Morton & Estelle Shane，1990）根据自体心理学提供了一个对无意识幻想的临床观点。他们的方法聚焦于他们所谓的"总体幻想"（global phantasy），包括自体的全部及其与周围环境的关系；在他们看来，这些幻想定义或许决定了病人的一生。这两位接着举了几个具有说服力的临床实例，来说明这些幻想的重要性。

他们告诉大家这种总体幻想在过去的文献中已被描述过了——例如，克里斯（Kris，1956）关于"个人的迷思"（personal myth）的论文和格里纳克（Greenacre，1971）的《情感的成长》（*Emotional Growth*）中，都描述过可以主宰一个人人生的基本组织幻想。

我相信这样的无意识幻想在临床工作上是最重要的，描述它们的文献可追溯到弗洛伊德在《在精神分析工作中遇到的几种人格》（*Some Character-*

*types Met with in Psychoanalytic Work*）（Freud，1916）中的描述。我们会想起这几种人格是"例外"（exception），这些"例外"是因成功而毁灭的人，以及因罪恶感而犯罪的人。以我看来，它们只是某些普遍现象的原型，也就是说，确实存在支配了人类生活的总体幻想；因此，我喜欢称之为"宿命的幻想"（phantasy of fate）。

再者，如果从这个观点来看的话，假如俄狄浦斯的神话故事已经变成精神分析的典范，这不仅因为俄狄浦斯与其双亲间关系的发展，也因为他虽努力避开却改变不了的悲惨命运。这将使分析变成"宿命的治疗"（therapy of fate）。对我而言，当认为既然可以用所谓的生物精神医学或行为治疗使症状缓解的那些人，宣称我们的学说即将废弃时，这似乎是一个特别重要的论点。

到目前为止，我说的都是幻想在心智现象中的一般作用。现在我要讨论它在艺术创作中的地位。

一开始，我们可能会认为所有艺术家都有股动力，要藉由表达那无法用一般的沟通方式传达的感觉和情绪，来证明自己的存在。例如，我们可以在克里斯（Kris，1952）的《精神分析对艺术的探究》（*Psychoanalytic Explorations in Art*）中发现这样的论点。

埃莉奥诺拉·卡绍拉（Eleonora Casaula，1991）根据马特·布兰科（Matte Blanco）的双逻辑理论写道："艺术活动，通过对美感经验的建构，让我们寻回心中沉寂的部分，这一部分曾因另一个逻辑的主宰而使我们以为早已面目如非或者是不复存在。"

汉娜·西格尔（Hanna Segal，1991）则认为艺术的冲动和克莱茵的忧郁心理位置，以及修复受创的内心世界或恢复失去的客体之需要有关。

在众多可能正向影响一个艺术家的作品的质和量的因素中，已经被提到的有爱的激励作用、他人的支持，有时候是失落的痛苦。也可以说创造力的失常实质上也可能与超我及自我理想有关。

在我看来，艺术创造力的功能在许多方面和梦相似。如同梦一般，它通常代表了潜抑愿望的实现，或是试图走过创伤或哀悼的情境；有时候它也提供传达信息的通道。而它们之间一个根本的不同点是，梦中的思考模式主要是初级过程的思考模式，而在艺术创作中则需要初级过程和次级过程两者适当联结。再一次，如同我提到的弗洛伊德的文章中说到的那样，真正的创造性作家会通过展示其幻想给我们提供美学的愉悦感，用这种方式来收买我们。

## 摘要

将出版文献中的幻想议题回顾如下。

① 弗洛伊德认为幻想是有限定的产物，但克莱茵学派提出了更宽泛的理论。其不同之处可能在于，关注于幻想这个词是否只指受挫愿望的想象性满足还是还代表其他心智功能，例如无意识心智过程的原发性内容或本能的心智表征。

② 无意识幻想的诠释和情感释放曾被认为是治愈的关键，因为结构模式的引进使其在理论层级上变得更为复杂。

③ 对某些分析学家而言，克莱茵元心理学说中无意识幻想的观点使该概念扩大化，藉此它等同于无意识概念本身。在一篇最近的文章中，胡安·巴勃罗·希门尼斯（Juan Pablo Jiménez, 1993）强调无意识幻想概念在技术理论上的重要性。他认为幻想作为一种现象，不能与精神现实及无意识的概念混淆——"界限观念，按照定义是不可知且无法直接换算的"——他也强调"无意识"不应被局限在象征性的表达上。为了更清楚地说明这个观点，他引用了马特·布兰科（Matte Blanco, 1988）的说法："在我们内心的每一部分，有时会以三度空间加上时间的方式呈现自己。需要注意的是这并不是主张心理现象于时间、空间中形成，而是它以时间、空间的方式呈现。事实上，追随弗洛伊德的主张，我们多次建议有些心理表现是无时空限制的。其余的可以用比三度更多维度的空间一致性来理解，可能在特定的情况中可达无穷维度空间。"因此，幻想是内在世界和外在世界交换的心智位置，同时是使这种交换可行的流通手段，是防卫机制运作的真实位置，是我们在想象中预测我们的未来而做的试验行动的位置，也是意识和无意识愿望的伪装实现的位置。

④ 有些人认为最近的孩童观察支持克莱茵学派对早年幻想生活的假设，然而其他人却认为这些发现用复杂的本能组织就可以解释，不需要再有

一个相对应的心理学理论。

⑤ 似乎大家都同意幻想是一种调节意识和无意识的现象，并结合冲突和防卫机制，潜藏在行为和思想之下，并且是一种普遍的习性倾向。

⑥ 有一种特殊的幻想类型，称为总体幻想，在我看来和疗愈过程特别相关。根据前述理由，我认为应称其为宿命幻想。我认为它的修饰才是分析的主要目标。

⑦ 艺术创作功能，在许多方面与梦的功能类似。

## 参 考 文 献

Bion, W. R. 1962. *Learning from experience*. London: Heinemann.
Casaula, E. 1991. *Cuarenta años de psicoanálisis en Chile*. Santiago: Ediciones Ananké.
Dowling, S. 1990. Fantasy formation: A child analyst's perspective. *J. Amer. Psychoanal. Assn.* 38:93–111.
Freud, S. 1908. Creative writers and day-dreaming. *S.E.* 9.
———. 1911. Formulations on the two principles of mental functioning. *S.E.* 12.
———. 1916. Some character-types met with in psycho-analytic work. *S.E.* 14.
Greenacre, P. 1971. *Emotional growth*. Vol. 2. New York: International Universities Press.
Hayman, A. 1989. What do we mean by phantasy? *Int. J. Psycho-Anal.* 1:105–14.
Inderbitzen, L. B., and Levy, S. T. 1990. Unconscious fantasy: A reconsideration of the concept. *J. Amer. Psychoanal. Assn.* 38:113–30.
Isaacs, S. 1948. The nature and function of phantasy. *Int. J. Psycho-Anal.* 29.73–97.
Jiménez, J. P. 1993. The significance of the concept of unconscious fantasy in the psychoanalytical theory of technique. *Prax. Psychother. Psychosom.* 38:10–21.
Kris, E. 1956. The personal myth: A problem of psychoanalytic technique. *J. Amer. Psychoanal. Assn.* 4:653–81.
Laplanche, J., and Pontalis, J. B. 1967. *The language of psychoanalysis*. London: Hogarth Press, 1973.
Matte Blanco, I. 1975. *The unconscious as infinite sets*. London: Duckworth.
———. 1988. *Thinking, feeling and being*. London: Routledge.
Mesa Redonda [Round Table]. *Rev. de Psicoanálisis* 2 (1978):305–70.
Segal, H. 1991. *Dream, phantasy and art*. New Library of Psychoanalysis. London and New York: Tavistock/Routledge.
Shane, M., and Shane, E. 1990. Unconscious fantasy: Developmental and self-psychological considerations. *J. Amer. Psychoanal. Assn.* 38:75–92.
Shapiro, T. 1990. Unconscious fantasy: Introduction. *J. Amer. Psychoanal. Assn.* 38:39–46.
Stern, D. 1986. *The interpersonal world of the infant*. New York: Basic Books.
Symposium on fantasy. 1964. *Int. J. Psycho-Anal.* 45:171–202.

# 创造性作家的无意识幻想、认同和投射

约瑟夫·桑德勒❶、安妮·玛丽·桑德勒❷（Joseph Sandler & Anne-Marie Sandler）

弗洛伊德所著的《创造性作家与白日梦》（Freud，1908）为一篇杰作，尤以其在 1900 年《梦的解析》（*The Interpretation of Dreams*）出版后 8 年内即被完成可见一斑。在此著作中，弗洛伊德由孩童的游戏与创造性写作之间的相似性找出线索。如同一位作家，孩童在游戏中"创造了属于他们自己的世界，或者用自己满意的方式重新排列组合了那些属于他们世界的事物"。只因孩童较喜欢将他想象中的客体和情境，与其可见并可掌握的事物相联结，故此成为游戏与白日梦间的区别。

对弗洛伊德而言，游戏和白日梦都代表愿望的实现。孩童在游戏中表达的愿望是"茁壮和长大成人"，但大人在白日梦中实现了两种基本的愿望——野心或情欲，通常两者兼而有之。弗洛伊德认为，大人的白日梦与孩童游戏的不同之处，在于大人可能会对某些白日梦感到羞愧，因此将之视为秘密。值得注意的是，至此弗洛伊德所指皆为意识的白日梦（conscious daydreams），它是被人们私下接受而不愿公开的。

白日梦用现实作为素材，也就是说，"他们能自身融入幻想者变化的生活印象中，随幻想者生活境况的改变而有所改变"。弗洛伊德更明白地

---

❶ 约瑟夫·桑德勒是英国精神分析学会的培训和督导分析师，也是伦敦大学精神分析学的名誉教授。他曾任欧洲精神分析联合会和国际精神分析协会主席。

❷ 安妮·玛丽·桑德勒是英国精神分析学会的培训和督导分析师、欧洲精神分析联合会前任主席、英国精神分析学会副主席、国际精神分析协会副主席、伦敦安娜·弗洛伊德中心的主任（前身是汉普斯特德儿童治疗诊所）。

说:"心智活动关联着当下某个印象,关联着当下那些能够激起幻想者某一主要愿望的触发时刻。自此唤起了早期(通常是童年期)愿望被满足的回忆,此刻同时创造出一个与未来关联的情境,代表愿望的实现。"

弗洛伊德之后对于夜里发生的梦做了补充:"在夜间的环境中一些使我们感到羞涩的愿望会浮现;那些我们必须向自己隐瞒的愿望最终被潜抑,进入无意识中。这类潜抑的愿望及其衍生物仅允许以一种非常扭曲的方式呈现……夜间的梦境就如同白日梦——即我们非常了解的幻想,皆是愿望的实现。"

最后的这段引用,使得潜抑的无意识愿望的概念更加清晰了。白日梦式的幻想,如同夜里的梦,被视为无意识愿望或其衍生物的伪装性实现。但是关于这一点,读者可能会问:"假如白日梦是幻想,难道无意识的幻想没有在创造性写作中扮演任何角色吗?"弗洛伊德在《梦的解析》(Freud, 1900: 491-92)中将意识的白日梦、无意识的幻想与无意识的愿望之间的关联,描述得很清楚:"正如幻想的存在……有些是意识的,也有很多因它们的内容和潜抑的来源,仍是无意识的。"

遗憾的是,"无意识幻想"(unconscious phantasy)并非简单的概念,我们可提醒自己精神分析所描述的无意识是这样一个词:"可被很形象地说成是造成字典编辑者噩梦的日间残余物"(Abrams, 1971: 196)。弗洛伊德在第一次发表关于创造性作家的文章时,似乎为了让那些非专于精神分析的听众们把它当作一堂课且容易理解他的观点,而简化了他的论述。因此,他只提到意识的幻想,而不谈无意识的幻想。然而,无意识的幻想对我们现在的讨论很重要,而且无意识又是一个模糊的词,因此有必要对它的意思做一些澄清。

看看过去弗洛伊德使用这个词的历史,将会有所帮助。在心智地形学的理论中,就像在《梦的解析》中所提出的那样,弗洛伊德将前意识(preconscious)和无意识系统做了清楚的区分。被潜抑的儿时本能的愿望,被看作包容在无意识系统之中且依据初级过程来发挥作用。另外,前意识系统的作用原理则非常不一样。不像无意识系统,前意识使用了次级过程,弗洛伊德将之视为思想、愿望和观念的贮藏库,相对较容易进入意识中。因此,举个例子，当一个人被要求回想家的地址或早餐吃过些什么，这些当时不在意识中的信息，可以随时由前意识被召唤到意识中❶。

在《梦的解析》中，弗洛伊德提出"两种无意识"的假说，他评论道："两者在心理学的使用观念上都是无意识的；但以我们的观点来看，其中之一我们称为无意识，对意识来说却是不可接受的，而另一个词因它的激励性质被我们称为前意识——经过对一些特定规则的观察，或许唯有通过一种新的稽查后……它真的可以到达意识中。"（Freud，1900：614-15）

在同一部著作稍后的论述中，弗洛伊德指出："前意识转移到意识，与无意识转移到前意识，都以一个相似的稽查机制为特征。"（Freud，1900，617）在前意识和意识系统之间存在稽查机制这一论点在 1915 年再度被弗洛伊德提出，当他提到"一个稽查的新领域"时，很明确地指出："第一稽查的作用是来抵挡无意识，第二稽查的作用是来抵挡前意识的衍生物……精神分析治疗中，无疑存在着第二稽查，它位于前意识和意识系统之间。"

以描述性的方式来说，地形学模式的前意识和无意识系统两者都有着无意识的本质。然而前意识系统的支配机制，却和无意识系统非常不一样。这在文献中曾造成很大的混淆，尤其在定义"无意识幻想"时。这个词告诉我们，假如它在没有严格限制条件下被使用，就不知所讨论的幻想是否具备意识的本质，因为没有指定我们所正在考虑的是指在前意识中的幻想，还是指在孩童时期就被潜抑到无意识系统的幻想。

这个问题在《自我与本我》（*The Ego and the Id*）（Freud，1923）中被结构理论的介绍变得复杂了，在这篇文章中，三种被描述为无意识的心智机制（自我、本我和超我）的所有成分都被认为是指向"无意识的"。因此，我们了解到"无意识幻想"包含几个不同的意义。在心智的无意识部分，它是幻想的统称。它可以是前意识的幻想，有着某种程度的次级过程思考和现实觉察的特点。这样的前意识的幻想，可能可以也可能不可以直接到达意识中（这里我们看到了前意识这个词的模糊之处）。再者，无意识的幻

---

❶ 除非该无意识的信息与其他一些观点或是在无意识中不被接受的愿望相关联，否则这种回忆会被"阻断"，至少是暂时被阻断。

想可以被理解为一种早期的幻想，在发展的过程中早就被潜抑到无意识系统中。结果是许多作者对无意识和前意识两个系统感到困惑和混淆。

因此，我们到底应该将幻想放在哪个"位置"呢？毫无疑问，意识性的白日梦幻想显而易见地位于意识觉察中。问题出在无意识的幻想，因为它与创造性的整个议题明显有关，故深究这个问题是适当的。

形容词"无意识的"和其相关的名词"无意识"在此无疑都存在，所以我们必须找出一个令人满意的方法来区分两种很不一样的无意识幻想，以避免陷于围绕在前意识概念以及一般用语无意识的迷糊阵中。此外，虽然结构理论的发展是弗洛伊德思想的一大进步，但地形学理论中一些有用的但已被丢弃的部分，仍值得再被提出来。接下来，我们要进一步提出帮助区分这两种无意识幻想的参考架构。这要考虑到众所周知的临床观察，前意识作用的产物本身可以其他方式潜抑或防卫，其部分内容在意识中只以伪装的形式呈现。这与前意识内容都可以自由地到达意识的想法很不相同❶。接下来的论述已在几篇文章中陆续被提出（Sandler & Sandler, 1983 & 1984 & 1987 & 1988 & 1994a & 1994b），牵涉到如何分辨过去无意识（past unconscious）和现在无意识（present unconscious），让我们可以区分这两种非常不同的无意识的幻想。

## 过去无意识

过去无意识的幻想发生在生命的最初几年，可以说存在于所谓的潜抑屏障（repression barrier）之后（也就是弗洛伊德所说的"第一稽查"）。潜抑屏障是婴儿期遗忘（infantile amnesia）的原因，如我们所知，我们对于生命最初的4~5年可以记起的事物少之又少。那些在分析中回忆或回想起的部分，倾向于以被后来的记忆历程修正过的孤立片段的形式呈现；假如它们有连贯性，通常是之后加入的。此外，许多对生命中最初几年的回想是间接获得的。过去无意识中的幻想对分析工作而言是非常重要的结构，而身为

---

❶ 在临床情境中，我们可以看到利用二次思维过程的前意识幻想如何被防御，这一过程往往需要通过患者提供的素材并借助分析师的觉察，才能得出结论。

分析师，我们对于过去无意识的概念来自于重新建构，也来自于我们对于过去的诠释，这些诠释基于心智功能的心理分析理论和儿童发展理论。在此概念下，过去无意识不只意味着一个人的本我或是地形学模式中的无意识系统。由于它代表"内在的孩童"（the child within）（Sandler，1984），在发展上它被认为更复杂，因为牵涉到与年龄相称的［但最好是皮亚杰学说中所谓前操作期的（pre-operational）］次级及初级过程功能❶。

我们不可将这个理论的孩童视为一个本我孩童；一个单纯由本能驱动的孩童，其精神组织主要由初级过程的作用所支配。这个孩童已经经历了几个重要的发展阶段，这些阶段不一定被他成功掌控，这个孩童也可能经历了不正常的发展，他的本能驱力经过许多变迁，其认知发展因连续的次级过程作用而留下痕迹；他有了坚强又易受伤的自恋，也有了特定的恐惧和焦虑；他可能已达成升华，也可能已想出一些方法来处理冲突以及适应他所处的特殊环境。综上所述，他是一个与客体相关的孩童，他有了重要的认同，幻想生活也深受结构化的内在客体影响，包含了那些构成其超我的内在客体。这是一个有着特别的优点和弱点的孩童，将在面对冲突或令人不快的情绪时有着或多或少的退缩。这是一个被期待随时准备去上学的孩子，将幼稚的事抛诸脑后。这是一个特定个别的孩童，有着能反映出其独特发展历程的独特人格。

潜抑屏障是在 4~6 岁建立。这个年纪有着处理俄狄浦斯冲突的严肃企图，导致了重要的认同以及孩童生活中重要人物的内化。此时我们看到超我的重大具体化。以皮亚杰（Piaget）模式来说，孩童的认知程度此时正经历彻底的改变——由前操作式转变成操作式思考。此时正常孩童也在分离-独立方面跨出一大步。最后但最重要的是，在这个年纪，孩童获得较完整的能力用来分辨别人的和自己的信念、想法与感觉，也可以说是有能力为他人设身处地地着想。

## 现在无意识

我们的主题重要性是无意识中被指为现在无意识的部分。它与过去无意

---

❶ 原始次级过程常常与初级过程混淆。

识有着非常不同的功能性组织，并且在许多方面与弗洛伊德地形学模式中的前意识系统较为类似。无论我们是否真正了解，大多数人都用地形学面向的思考模式来想象心智如何运作；也就是说，我们用表面和深度这样的词汇思考。因此，似乎我们需要将这个面向重新纳入我们的参考架构，也需要在思考心智历程时，采取一个基本上是发展的观点。在此，"发展的"除了指从婴儿期起在时间上的向前发展外，也意味着由深处往表面的在此刻持续进行的移动。现在无意识属于当下（current）无意识的主观经验。当愿望的冲动和幻想（幻想可被视为过去无意识的衍生物或印记）在现在无意识中发生时，它们会被现在的这个人，也就是一个人的成人部分处理掉。因此可以说，"虽然过去无意识依据过去而行动或再行动，现在无意识却关系到现在的平衡状态"（Sandler & Sandler, 1984）。

这些幻想衍生物在结构上与早期的儿时幻想不同，也就是说，与那些在潜抑屏障形成婴儿期遗忘前产生的幻想不同。现在无意识中的幻想与目前的人或幻想对象的表征关系较密切，而且隶属于无意识次级过程功能。这些幻想或冲动发生于现在无意识的深度，在程度上足以唤起冲突，干扰了平衡，因此不得不以外在意识来处理，并且必须以某种方式被调整、伪装或防卫。此时，确实所有的防卫机制和补偿机制都参与其中了。这些机制藉由操控自我和客体在幻想中的表征，来伪装无意识愿望式的幻想。牵涉其中的部分自我表征将被分裂，并以客体表征来取代（投射与投射性认同），而部分的客体表征再被纳入自我表征中（一个与认同类似的过程）。所有这些都反映着所谓无意识幻想的稳定功能（Sandler & Sandler, 1988）。这个作用牵涉到现在无意识中一个有助于稳定的反应，这个反应会在内在平衡有任何情绪性的干扰出现时产生，无论这些干扰的来源如何。

接着，"内在的孩童"与大一点的孩子或成人的现在无意识有什么关联呢？以前的论述曾认为，冲动和愿望由过去无意识进入到现在无意识，且必须由稳定功能处理，因为它们不再是恰当的，而是破坏性的。现在从不同角度来看这件事。我们相信，个体的最初无意识反应或冲动发生时，这个人就仿佛是那五岁的孩子；而那些反应必须由现在的这个人在现在无意识中处理掉。那个内在的孩童扮演一个样板——可说是一个组织构造——为较大的人此时此地当下的无意识进行奋斗与反应。就弗洛伊德的结构理论来说，我们不禁想称之为一种精神部门（Freud, 1923）。

这些来自于现在无意识深度的冲动或愿望，不一定来自已经通过稽查的内在的孩童。不如说，我们可以想象某种稽查正以多种不同的机制进入现在无意识的幻想结构中，而最终遍及于现在无意识中。这些防卫机制皆影响着自我和客体的无意识心智表征。举例来说，在投射（或投射性认同）作用中，自我表征被无意识地移置为客体表征，而在认同（或内射性认同）作用中，客体表征则被整合到自我表征中。当无意识愿望初次出现在现在无意识中时，它以内在的孩童的愿望、幻想和内在关系为模型来塑造，但牵涉其中的客体是现在的客体。因此，举例来说，假如在患者的现在无意识中出现一个对分析师的无意识敌意的愿望时，不应被视为在移情关系中把希望父亲死亡的愿望移转到分析师，而应该视为对分析师具有敌意的冲动，这个冲动产生在此时此地，而可能以内在的孩童对父亲具有敌意的愿望、幻想或关系为模型来塑造。

虽然无意识的幻想可能已经在现在无意识中大大地被修饰过，使其破坏性更小，但它到达表面的路径，也就是到达意识觉察的路径，可能会被"第二稽查"所阻碍。以目前的参考架构来看，它位于现在无意识和意识之间，且被描述为有基本的动机避开羞愧、困窘及羞辱的意识感觉。因此，为了通过第二稽查，稳定功能的产物必须进一步被修饰——经历某种次级修正——使得它变成较真实的，不那么愚昧无知（某些特许的形式是例外，比如梦或幽默）。就发展而言，较为表面的稽查，与用意识幻想来取代游戏的那个步骤有关，需要保留这个幻想秘密，先不给他人知道，接着不让自己知道。它被描述如下：

---

当孩童对别人的羞辱反应发展出更好的预期能力时（加上所有产生自投射作用的期待），他将变成他自己的不满听众，并且将以第二稽查的形式持续内化此社交情境。只有可被接受的内容可以通过并到达意识中，它必须是接近真实的，而且不荒谬或"愚昧"。在某个程度来说，第二稽查比第一稽查更具有自恋的特质，但这种自恋倾向集中于害怕被嘲笑、被认为愚昧、疯

狂、荒谬或幼稚——在本质上是害怕被羞辱（Sandler & Sandler, 1983: 421-22）。

---

在将讨论转到创造性作家如何影响他的读者前，需谈一下动机。到现在，我们了解精神分析理论所指的动机比过去所知的更复杂。我们可以自信地说，不是所有意识愿望都是本能的或攻击的冲动所释放的。我们无法把所有的愿望实现行为皆视为本能驱力的衍生物，虽然，在稍早前呈现的参考架构中，我们将这样的行为或经验视为"无意识的衍生物"，在此"无意识"指现在无意识，以过去无意识作为模型塑造发生于现在无意识深度之愿望——也就是说，以我们之前提过的"样板"提供形式。在此重要的是辨认出与无意识愿望有关的焦虑或任何不愉快情绪的动机力量。再者，假如在个体的发展过程中，解决某个特定冲突的方法已经被发现，之后在面对相似的冲突时，要利用那种解决方法的压力会获得一种专横的特质。当然，这样的解决方法、这样的愿望，在孩童时期可被意识接受，在之后的发展中可能变成与心意相违的，于是在现在无意识中创造出新的冲突，而此冲突可能必须以新的方法解决。此外，安全和安适感的欲望不需被视为本能驱力的衍生物，但如弗洛伊德认为的，仍然是强而有力的动机。

## 关于创造性作家与读者

在弗洛伊德的著作中，他将那些"利用现成的素材"的作家放在一边，而针对那些"原创性"作家加以讨论。这些作家的作品有个特点——就是每部都有个英雄是"置于特殊天意的保护之下"。他的读者感到安全，因为到最后这个英雄总会得到胜利——与这英雄相对应的人物（也就是自己）可在每个白日梦中出现。此外，故事中的角色，如同白日梦中一样，被分成"好人"与"坏人"。

在"心理"小说这个特别的例子中，单一个人物（尤其是那个英雄式主角）是从内心进行描述的。弗洛伊德评论道："心理小说的独特属性毋庸置疑地归功于现代作家将自我❶分裂为许多部分，结果是，将不同主角在其精神世界中的冲突涌动人格化。"在那些主角只作为一个旁观者的小说中，我们看到反映在白日梦中的主角，因某种缘故，其实是个旁观者。

弗洛伊德接着提到，对于幻想如何形成的知识，可帮助我们了解创造性作家的作品："创造性作家由当下的强烈体验唤起了早期的记忆（通常是来自孩童时代），由此产生了一个愿望，并在创作过程中寻求满足。作品本身既涵盖了近期诱发事件的各种元素，又体现了早年的回忆。"

这篇文章的最后特别有趣。在探讨完创造性写作和白日梦的相似性之后，弗洛伊德开始思考创造性作家如何引发读者情绪。对于这个问题，他提供了一个答案。做白日梦的人不让别人知道他的幻想，假使他想要告诉别人，别人也不会从中得到乐趣❷。相反地，创造性作家藉由伪装故事中的角色，很有技巧地将他的白日梦以故事的形式表现，他"呈现幻想时是以纯正的——即美学的——愉悦方式来收买我们"。就如同前期快感，"欣赏一件想象性作品产生的实实在在的快乐会随着大脑压力的排解得以释放是来自于我们内在压力的解放"。弗洛伊德认为，或许，我们因此能享受自己的白日梦，"不至于自责或害羞"。

对于弗洛伊德这样的论述我们还可以加点什么呢？毋庸置疑的是创造性作家拥有一般人所没有的创造力。创造力中有多少是与生俱来的，有多少是后天习得的，仍值得争论。可确定的是，我们无法在此解决这个问题，但也无法置之不理而不提"为自我而退化"（regression in the service of the ego）的概念，这个概念由厄恩斯特·克里斯（Ernst Kris）在其1956年的文章《精神分析中洞察力的变迁》（*On the Vicissitudes of Insight in Psychoanalysis*）所提出。这种形式的退化被认为是某些自我功能之有管控的放松，但也可视为现在无意识和意识间的稽查作用之有管控的放松。它绝非一

---

❶ 弗洛伊德在论文中提及的"自我"，都应被看作是对自我心理表征的引用，即"以自我为客体"。

❷ 乍一看，我们可能会拒绝这一提法，因为许多人是通过听到详细表达的色情幻想而兴奋不已。但弗洛伊德可能是正确的，因为这些幻想都是经过渲染的故事，而私人的白日梦通常是简单而平凡的。

种病态的退化，艺术家仍随时可与现实接触❶。

我们很容易接受弗洛伊德认为艺术作品是创造性作家白日梦的衍生物这一观点，但是我们要补充一点：即使一些意识幻想也会进入作品中，它本质上是无意识幻想——被稽查机制隔绝在意识之外的现在无意识中的幻想——的衍生物。作家通过创造可以让他与自己的作品保持距离，来逃避觉察那些接近表层的幻想❷。在创造性写作中，作者倾向于具体化或实现（J. Sandler, 1976a & 1976b）其自体和客体表征及其互动，如同它们存在于相关的无意识幻想中。作者将之投射至其作品中描绘的角色。这个过程弗洛伊德早就了解了。我们可能想问为什么这个过程可以让创造性作家及其读者如此满足愉快，因此必须试着为这一问题寻找部分答案。

除了得到"功能式享乐"（function pleasure）（Bühler, 1918）、"有效果的"（effectance）及称职（competence）的享乐（White, 1963）或弗洛伊德所说的前期快感，在创造性行动中无意识幻想的实现必须提供某些愿望实现的满足，而不论其动机为何。以我们的观点来看，这种满足通过三个相关过程的紧密结合而发生：经由隐藏的知觉一致性（concealed identity of perception）、持续的初级认同（primary identification），以及投射性认同，来实现愿望。

### 隐藏的知觉一致性

在《梦的解析》中，弗洛伊德提出一个想法，即一旦婴儿经历过某种特殊的满足经验，"下一次当这种需求出现时，心理冲动立刻产生并试图去……再次唤起知觉本身，也就是重建原初满足的情境。这一类冲动我们称

---

❶ 这也是一种能力，是一种可以在患者变得舒适的情况下，通过分析他们的情况获取信息的能力，因为患者不害怕让他们的思想和幻觉浮出水面，由此对自由联想的抵抗力进行分析和处理（Sandler & Sandler, 1994）。艺术家和分析者都可以利用"许可"来表达艺术，或分析作品的语境和框架所提供的自由表达。

❷ 所谓无意识的衍生物可以有许多不同的形式。一方面，有这样一种情况，是无意识幻想被推动着得到表达，但它被"第二次审查"阻止，而在有意识的白日梦中得到表达。另一方面，也有各种各样的梦、行为、游戏、自由联想、屏幕记忆、幽默、扭曲的回忆、投射和外在化、明显的移情内容、神经质症状、妄想、科学理论、艺术和文学作品，以及一些其他的内容均被称为"无意识的衍生物"。

之为愿望;而这种知觉的重现是愿望的实现。目的是为了制造'知觉一致性'——重复一种与需求满足相联结的知觉"(Freud,1900:566)。在之后的作品中,弗洛伊德认为无论婴儿在梦中的愿望是什么,都可以通过幻觉达成,"就像现在每个夜晚仍然发生在我们梦里的想法"(Frcud,1911:219)❶。

当婴儿期过了之后,知觉一致性就不再只是幻觉性重复之前的满足。我们发现梦的产物"是经由原始的、更复杂的机制所完全伪装的知觉一致性"(J. Sandler,1976a:38)。梦的工作,如弗洛伊德描述,是各种愿望实现的模型。弗洛伊德称之为"退化到知觉"(regression to perception)(Freud,1900),本质上是一个离心过程,运行的方向从深处朝向知觉的表层。然而,梦的工作:

> 需要补充同等分量的相反的向心的过程,知觉梦的内容,并无意识地将之转译回其潜在的意义,以便愿望实现能以知觉一致性的方式得到。就某种意义来说,如同弗洛伊德所言,有一种无意识的"理解性工作机制"正以与梦的工作相反但平行的方向进行。对梦而言是真实的部分,可视为对其他"衍生物"及其他无意识愿望和幻想的外在表现也是真实的。这让我们可以进一步说……所感受到的明显实现,被无意识地理解且被无意识地转译回其潜在意义……整个过程不可缺少的部分,在于避免意识发觉有什么正在进行……这种行动,例如升华,可被视为象征性的实现,在所追求的行动中,相关个体无意识地理解这些活动。同时,人的意识是受保护的,从意识到无意识的愿望幻觉中得到满足(J. Sandler,1976a:40-41)。

假如进一步延伸知觉一致性的概念,我们可以推断出创造性作品的读者有能力解读(至少部分地)作者隐藏在作品背后的无意识幻想。

因此,这给了我们一个途径,以帮助我们了解为什么创造性作家可以

---

❶ 愿望和愿望幻觉的观念通过"知觉一致性"得到满足,这与本能的"放电"概念不符。弗洛伊德也从未试图统一过这两个概念。

给予自己及其读者如此强烈的满足——但也有其他途径需要考量。

持续的初级认同

初级认同（primary identification）（Freud，1923）可以被理解为一种早期的发展状态，在此状态中婴儿心智的自我表征尚未与客体表征分离。也就是说，自我和客体是一体的，没有明确的界限。虽然自我与客体界限的发展可视为这一阶段的完成，但它仍是"被观察者的行为和感觉在观察者身上所引发的反射，一种与知觉联结的自动过程，而与意识性的模仿相当不同。它可以与初级认同的概念相联结，但就某种意义来说，与弗洛伊德所说的不一样，即一种持续到晚期生命的初级认同"（J. Sandler，1993：1101）。

埃多拉多·韦斯（Edoardo Weiss，1960）描述了一个相似的机制。这个机制可以在孩子看美国西部片时的反应中观察到：观众席中孩子不自主地模仿马背上英雄的动作。他认为这个过程会持续发生在每个人身上。当我们感受到别人的动作或表情时，无法不在自己的无意识中复制，虽然我们无法觉察到它，因为它低于意识经验的阈值。假如我们没有某种有效的机制来制止这种倾向，我们将会疯狂地复制我们周遭每个人的行为和感觉。结果"在成人只保留残余的倾向，这可在许多共情和暗示研究、艺术鉴赏工作以及广告等中得到佐证"（J. Sandler，1959：16-17）。"自我-非自我以及自我表征-客体表征之间的界限，不应被认为具体地设定好了。它们不是一个固定的实体，也就是并非一旦形成就永远在原处……而应该说，界限设置功能（Sandler & Joffe，1967），在正常情况下，它可以很快地分辨自体和他人的不同——在此是说一种去认同（disidentifying）的功能，我们会说：'不对，那不是我，那是别人'"（J. Sandler，1993：1102）。

界限虽很快地在无意识中形成，但是若没有投注以完全的注意力，界限会变得松散。虽然界限可以在短时间内再被加强，但它可能受无意识中广度和力度之持续波动的影响。就是这个人我界限的波动或摆荡，使得初级认同的无意识过程可以重复发生，使得创造性作家可以同时投射及认同自体和客体,并且在其作品中代表性地体验两者的关系。这一过程让他能够以具有意义又令人满意的方式,来调整和琢磨作品中的角色。

当然,并非只有创造性作家无意识地利用了这种初级认同。读者也藉由相同的机制,从作者的创作中获得喜悦。当一个人无意识地认同戏剧或小说中的某个角色时,防卫机转以及界限形成能力将被启动,用来拒绝瞬间对另一个角色的初级认同,而这个角色通常不是那个我们想要认同的英雄。然而,重要的是,我们必须注意这种短暂的无意识认同将不断再现,也不断再被拒绝。我们活在选择认同或不认同的常态中。

投射性认同

初级认同在婴儿期后以瞬间的个人经验持续着,并且快到无法被意识觉察,这一事实可以为我们提供理解投射性认同在创造性作家及其读者运作过程的基础。我们必须无意识地察觉到我们所投射的部分(也就是,被分裂掉,并用客体表征代替自我表征)是我们自己的,是为了把我们自己讨厌的部分摆脱掉以得到解脱及快乐。这个过程让我们觉得被投射的部分只短暂地属于我们自己,而且几乎是立刻且确定地认为不是我们自己的而是别人的(J. Sandler, 1987)。

结论:弗洛伊德在《创造性作家与白日梦》中提出的观点,可被延伸用以思考无意识幻想和意识幻想的作用。创造性写作藉由创造"无意识的衍生物",提供作者一个满足无意识愿望幻想的方法。这带来了与意识中的白日梦相同的满足❶。同时,创造性作家带给其读者快乐,因为他提供给读者一个现成的白日梦,并且让读者利用投射性认同来处理其内在冲突。通过创造性作家建构的艺术作品,读者无意识地领会作家的无意识幻想,并透过认同故事中的角色享受幻想的实现。然而,我们或许阐明了一些与创造性作品有关的机制,但创造性作家为何如此才华洋溢,仍旧是件神秘的事。

---

❶ 白日梦的构建就像一个舞台表演的创造,在舞台上的表演中,在当下的无意识中,一厢情愿的幻想通过"知觉一致性"得到满足。就结构理论而言,这正是一种自我设计来满足无意识愿望的创造。

## 参 考 文 献

Abrams, S. 1971. The psychoanalytic unconsciouses. In *The unconscious today: Essays in honor of Max Schur*, ed. M. Kanzer. New York: International Universities Press.

Bühler, K. 1918. Die geistige Entwicklung des Kindes. Jena: Fischer.

Freud, S. 1900. *The interpretation of dreams*. S.E. 4-5.

———. 1911. Formulations on the two principles of mental functioning. S.E. 12.

———. 1915. The unconscious. S.E. 14.

———. 1923. *The ego and the id*. S.E. 19.

Kris, E. 1956. On some vicissitudes of insight in psychoanalysis. *Int. J. Psycho-Anal.* 37:445-55.

Sandler, J. 1959. Identification in children, parents and doctors. In *Psychosomatic Aspects of Paediatrics*, ed. R. MacKeith and J. Sandler, 16–26. London: Pergamon Press, 1961.

———. 1976a. Dreams, unconscious phantasies and "identity of perception." *Int. Rev. Psychoanal.* 3:33-42.

———. 1976b. Countertransference and role-responsiveness. *Int. Rev. Psychoanal.* 3:43-47.

———. 1984. The id—or the child within? In *Dimensions of Psychoanalysis*, ed. J. Sandler. London: Karnac.

———. 1987. The concept of projective identification. In *Projection, Identification, Projective Identification*, ed. J. Sandler. Madison: International Universities Press; London: Karnac.

———. 1993. On communication from patient to analyst: Not everything is projective identification. *Int. J. Psycho-Anal.* 74:1097-107.

Sandler, J., and Joffe, W. G. 1967. The tendency to persistence in psychological function and development. In *From Safety to Superego*, ed. J. Sandler. New York: Guildford Press, 1987.

Sandler, J., and Sandler, A.-M. 1983. The "second censorship," the "three box model" and some technical implications. *Int. J. Psycho-Anal.* 64:413-25.

———. 1984. The past unconscious, the present unconscious and interpretation of the transference. *Psychoanal. Inq.* 4:367-99.

———. 1987. The past unconscious, the present unconscious and the vicissitudes of guilt. *Int. J. Psycho-Anal.* 68: 331-41.

———. 1988. The gyroscopic function of unconscious fantasy. In *Towards a Comprehensive Model for Schizophrenic Disorders*, ed. D. B. Feinsilver. Hillsdale: Analytic Press.

———. 1994a. The past unconscious and the present unconscious: A contribution to a technical frame of reference. *Psychoanal. Study Child*, forthcoming.

———. 1994b. Phantasy and its transformations: A contemporary Freudian view. *Int. J. Psycho-Anal* 75 (1994):387-94.

Weiss, E. 1960. *The Structure and Dynamics of the Human Mind*. New York: Grune and Stratton.

White, R. R. 1963. *Ego and Reality in Psychoanalytic Theory*. Psychological Issues, monograph no. 11. New York: International Universities Press.

# 幻想和小说中的现实与非现实

罗纳德·布里顿❶（Ronald Britton）

"*Der Dichter und das Phantasieren*"可以逐字地翻译为《诗人和幻想》（*The Poet and Fantasizing*）。1908年弗洛伊德写这篇文章时，他最热衷于自己观点的解释能力，认为快乐原则虽然在日常生活中被现实原则所限制，但它仍会寻找到一个地方来自由运作——在梦和神经症的症状中。在这篇论文中，他增加了孩童的游戏、幻想（*phantasie*）和想象的（*imaginative*）写作。"创造性作家的工作与儿童在游戏时的表现是一样的。他非常认真地创造了一个幻想世界——在其中倾注了大量的情感——同时他又严格地将其与现实世界区别开来"（Freud, 1908a: 144）。这篇论文先行于多年后他在《超越快乐原则》（*Beyond the Pleasure Principle*）（Freud, 1920）中的想法以及他在《自我与本我》（*The Ego and the Id*）（Freud, 1923）中所描述的内在世界。我认为他对幻想和小说的理论必须随着他后来的发现做修正，如同他的梦理论被扩增以包括他对自我、本我和超我之内在关系的想法，关于创伤和重复的想法，以及他对与生俱来之破坏力的概念。

"*Der Dichter und das Phantasieren*"（《创造性作家与白日梦》）这篇论文的限制性，在于它并未恰当地区分某些小说寻找事实的功能和其他小说逃避事实的功能——也就是区分严肃创造性写作和逃避现实文学（escapist literature）。我认为一旦幻想这个概念已经扩增并超越满足愿望的白日梦，就可以区分本质上真实的和意图上非真实的小说。

---

❶ 罗纳德·布里顿是英国皇家精神病学院的成员，他是英国精神分析学会的培训和督导分析师，曾任伦敦塔维斯托克诊所儿童与家庭部主席。

幻想的扩增观点，虽然不是外显的，但我认为隐含在弗洛伊德自己的说明中。他写着："如同梦，它们大多根基于婴儿经验的印象""如同幻想的存在，有些是有意识的，也有很多仍保持于无意识中。"（Freud, 1900：492）在《歇斯底里幻想及其与双性恋的关系》（*Hysterical Phantasies and Their Relation to Bisexuality*）（Freud, 1908b：160）一文中，他写道这些无意识幻想"若非始终是无意识的，而且在无意识中形成；就是——通常是这样的——它们曾经一度是意识中的幻想、白日梦，然后经由'潜抑'（repression）被有意地遗忘并且成为无意识的。"梅兰妮·克莱茵和她的伙伴认为前者极具重要性——也就是那些在婴儿时期形成而后"始终是无意识的"幻想。在"*Der Dichter und das Phantasieren*"中，弗洛伊德关注那些"曾经一度是意识中的白日梦"而后被潜抑者。基本上，他只把幻想这个词汇使用于那些被潜抑的愿望满足之故事。同样地，当他概括小说的产生如同一种心智活动时，他是以白日梦的局限观点把小说的产生和幻想做联结；然而，当他写到特殊的作品和作者，他超越这个用法。我希望在此讨论我自己的观点，即较为表面的幻想（"phantasy"或"fantasy"）和弗洛伊德指涉为"始终是无意识的"较为深层的幻想两者之间的关系，并联结到逃避现实小说及严肃小说之间的关系。

　　无意识幻想（unconscious phantasy）这个词汇的使用，成为于1941~1945年在英国精神分析学会所举行的"争议讨论会"（Controversial Discussions）的核心讨论部分，此讨论会大部分致力于澄清梅兰妮·克莱茵和安娜·弗洛伊德之间观点的差异。如同里卡尔多·斯坦纳（Riccardo Steiner）于近期出版的对"争议讨论会"之说明，"无意识幻想的观点［以'ph'拼音来与意识的幻想（'fantasy'）做区分］大概就是全部科学讨论会的主要理论主题。当20世纪20年代将弗洛伊德的著作从德文翻译成为英文时，已经有必要采取一个可以区别出'phantasy'的无意识特征的词汇，此词汇弗洛伊德使用得相当少，与意识层面的幻想不同"（King & Steiner, 1991：242）。

## 克莱茵幻想概念的发展

　　在考察"争议讨论会"中的争论之前，我认为有必要简短地描述在克莱茵的想法中，无意识幻想这个概念的使用是如何发展的。这与介绍、扩大或修正某些其他精神分析概念（象征、升华和认同）有着密切的联结。克莱茵认为她是在弗洛伊德和她的两位分析师兼老师（费伦奇和亚伯拉罕）的工作上稳定地扩大无意识幻想在心智生活中的角色，不令人意外地，她认为自己应该是不受争议的。费伦奇认为婴儿藉由认同于他自己的部分身体来感知这个世界，赋予它象征的意义。她的第二个以及很可能是对其思想有主要影响力的分析师，卡尔·亚伯拉罕，描述吃人的（cannibalistic）幻想为口欲期发展的特征，并且仔细描述了对客体保有、控制或驱逐的幻想是肛门期发展的基本面向。这暗示着幻想从生命的最早期就出现了。

克莱茵在她最早的作品中主张，幻想支撑了孩童和他自己的身体、心灵、家庭，以及其世界中的日常活动之间的关系。对克莱茵来说，象征（symbolization）是原始升华的基础，赋予外在世界情绪上的意义："象征不只是成为所有幻想和升华的基础，更有甚者，象征是个体与外在世界及一般现实之间关系的基础。"（Klein, 1930）当她的分析经验增长后，她开始相信是母亲的身体及其相关的幻想内容，构成了与外在世界间最初的及基本的象征关系。她逐渐远离她的老师给予自我表征（self-representation）在起源上的优先地位，而那是原发性自恋（primary narcissism）理论的一部分。

克莱茵起初的临床理论之精神分析概念架构于《自我与本我》（Freud, 1923）。从弗洛伊德说明内在世界中本我、自我和超我这些不同心理机制间的关系，她发展出内在客体如同这些代理的幻想拟人化的理论。主要的角色是组成超我的"内在父母"：像孩童外在世界的父母，他们可以成为安慰和喜悦、迫害和害怕、罪恶感和失望的内在来源。她添加于弗洛伊德之本我、自我和超我的内在世界图像上的是，它们是由幻想的内在客体之互动所组成，并且显露在孩童的游戏和梦中。

弗洛伊德描述孩童的游戏是白日梦的先驱。克莱茵认为："我们只能藉由弗洛伊德为了解梦所发展的方法来了解'游戏'。象征只是它的一部分。"她在一个脚注中定义孩童的游戏是：

---

孩童在分析时段中所产生的材料，从玩玩具到编他们自己的戏，到玩

水、切割纸或画画；他们做此事的态度；他们从一个换到另一个的理由；他们选择作为象征的方式——全部这些混合因素，通常看起来似乎是令人困惑的和无意义的，如果我们诠释它们就像梦的话，它们看起来就是一致和充满意义的，并且其潜在的来源和思想就会泄漏给我们。此外，在游戏中，孩童经常演出他们之前叙述过的某些梦境里相同的事，并且他们经常藉由梦之后的游戏来表达联想，这是他们表现自己最重要的模式（Klein, 1926: 134-35）。

在同一篇论文中，克莱茵明确说明她将游戏和学习中的抑制视为源于"过度潜抑这些'自慰'幻想，并且伴随它们，过度潜抑所有的幻想"。这暗示幻想构成孩童全部的主要生命活动，包括学习和游戏，其不只单纯是精神避难所的陈设品。对克莱茵来说，象征使外在世界充满本能的意义，没有了它，这将只是机械的，如同她从其第一次描述和分析一个精神病童迪克（Dick）中所发现的（Klein, 1930: 221）。在这篇论文中她评论说："象征不只是成为所有幻想和升华的基础，更有甚者，象征是个体与外在世界及一般现实之间关系的基础。"

此刻克莱茵认为她只是持续研究这些精神分析概念并发现它们更有意义。她引用费伦奇即她的第一个分析师和老师所说的："认同是象征的先驱者，产生于婴儿努力从每一个客体中再次发现他自己的器官和其功能"，并且她修正了这段陈述，认为是母亲的身体，伴随其幻想的内容，构成与外在世界间最初的及基本的关系。"我们看到孩童最早的现实是全然幻想的；他被焦虑的客体所包围，在这个面向，排泄物、器官、客体、有生命的和无生命的事物起初是彼此等同的。当自我发展后，一个与现实的真实关系会逐渐从这个非真实的现实中发展出来。"她接着说，"我已从我的一般分析经验中达成这些结论，但它们是由一个案例以一种非常惊人的方式所证实的，这个案例的自我发展有着不寻常的抑制。"她指的是4岁的迪克，她与他在一起的经验引导她认为［在坎纳（Kanner）描述自闭症的几年前］有一种精神分裂症的儿童期对应物。她这样简短地评价迪克："避难至幻想中的黑暗、空洞的母亲身体内，来把他自己与现实切割开，并使他的幻想生活停滞。因此，他从外在世界中代表母亲身体内容物的各种客体，成功地撤回他的注意力。"

在这里幻想被理解为与外在现实的联结,而幻想的抑制被认为是废除了与世界的有意义联系,藉着幻想在母亲黑暗的身体里面来逃离幻想的世界。这个个案害怕面对精神现实而导致背离外在世界,否则在那里会遇到内在世界的象征代表。被包围在母亲黑暗身体内的错觉,是一种防卫的幻想,用来保护迪克免于察觉一个已经预期、但完全被否认的、由迫害的或忧郁的幻想所组成的精神现实。

我不仅在自闭的小孩也在成人的被分析者中遇到这种情况,完全避难于分析师里面的幻想可以保护病人免于幻想分析师是一个可怕人物。在较不绝对的移情情境下,防卫式的幻想被包围在一个相互重视(有时是情欲的,有时不是)的排外特殊关系里,常常是为了防止干扰性移情幻想的出现。对我来说,这些愿望满足的、防卫式的幻想,就是弗洛伊德所使用的幻想,用来指称那些在歇斯底里症中所发现之潜抑的想象回忆:"这些幻想或白日梦是歇斯底里症状的直接前驱物,或至少部分是。歇斯底里症状所依附的并不是真实的记忆,而是以记忆为基础所建立的幻想。"(Freud,1900:491)史崔齐(Strachey)在这一段添加了一个脚注:"在弗洛伊德1897年5月2日写给弗利斯的信件(Freud,1950a,Draft L)中,将此点表达得更清晰:'幻想是为了阻断通往这些(最初情景)记忆所建构的精神外表(psychical facades)'。"

如果有人像我一样抱持这个观点,认为这些"记忆"完全与从婴儿期就有的"最初情景"的幻想建构混淆了,那他可以把弗洛伊德对幻想的描述视为对幻想的一种防卫。我从阅读弗洛伊德的文章中发现,当他描述其新概念原初幻想(primal phantasy)时,他大致上说的是相同的事。在《精神分析导论》(Freud,1917: 370-71)中他写道:"我们得到的唯一印象是孩童期的这些事件在某些程度上被要求成为一种必需品,它们是属于神经症的基本元素。如果它们在现实生活中已经发生过,那很好;但如果它们被现实压抑,它们会从线索中被拼凑起来,并且由幻想来补充……这些幻想的需求及材料是从哪里来的呢?……我相信这些原初幻想,我想这样称呼它们,无疑地和一些其他的一样,都是种族的天性(phylogenetic endowment)。"

可以说克莱茵的观点在其发展的越初期,幻想和记忆的区别就越不清楚。在经验之后回溯的"记忆"与"幻想"的区别，是依据原始事件发生时，知觉（perception）和想象（imagination）之间的清晰区别。这是克莱茵对婴儿生活的固有观点，认为这种区分的能力是一种发展——确实是一种成就——经由修通婴儿的忧郁心理位置（depressive position）来达到。我要强调的是，准备好放弃以下的信念——即心理上的欲望客体和感知的真实客体是同样的，对修通忧郁心理位置及发展内在和外在现实感，是极为重要的（Britton，1991）。

到1936年，克莱茵对其无意识幻想理论的信心是明显的，如同在其论文《断奶》（Weaning）中的几段内容所展现的："婴儿的感觉和幻想在心灵留下印痕，这印痕并不会消失，反而贮存起来，仍然活跃，并且持续和有力地影响个人的情绪和智识生活。"她接着说："分析工作已经显示几个月大的婴儿确实会沉迷于幻想的建构上。我相信这是最原始的心智活动，并且幻想几乎从出生一开始就存于婴儿的心灵。似乎孩童所接收到的每一个刺激会立刻以幻想来反应：对不愉快的刺激，仅仅包括挫折，会以攻击类型的幻想反应，而令人满足的刺激，则以那些聚焦于愉悦的幻想来反应。"

检视克莱茵的文章显示，她从最初就藉由她和小孩的分析工作，确信幻想伴随他们全部的活动。对她最小的病人，两岁半的丽塔（Rita）的分析，引导她相信俄狄浦斯幻想非常早期的根源，以及学步期之前就存在婴儿幻想。她从分析直接得知学步期小孩的幻想；她对其病人之婴儿幻想的概念则是从分析中推论出来的。她认为自己是从分析幼童中发现婴儿心智生活的，如同她认为弗洛伊德是从分析成人中发现小孩的心智生活的。她关于婴儿幻想的概念，成为"争议讨论会"的主要焦点。

## 关于幻想的"争议讨论会"

当阅读这些重要的、具启发性的和令人受挫的讨论时，要注意在争论克莱茵使用无意识幻想的概念时，有不止一个议题。其中一个是关于使用——即扩大使用无意识幻想这个词汇之正当性，包括那些弗洛伊德使用其他名称所指涉的现象，如在他的文章《无意识》（The Unconscious）（Freud，

1915：203-04）中的"事物表象"（thing presentation）或在《精神分析新论》（*New Introductory Lectures*）[Freud, 1933（1932）：98]中的"本能需求"（instinctual needs）之"心智表现"（mental expression）。第二个议题是关于婴儿幻想的存在，是否如同克莱茵所宣称的那么早。第三个是关于它们的内容——即关于攻击的部分，克莱茵是正确的吗？

另一个模糊了旧的与新的幻想概念之区别的因素，是克莱茵学派同时在为其概念的正确性以及观点的正统性做辩护：克莱茵的观点被某些人（如安娜·弗洛伊德）批评为是错误的，也被某些人（如 Edward Glover）批评为是异端的。任何一个熟悉理论争论者会辨认出，这其中一方面混杂着对事实和理性的诉求，另一方面则诉诸经典。在"争议讨论会"中，两方都经常诉诸弗洛伊德的文本。

促成这个争论的苏珊·艾萨克斯（Susan Isasacs, 1952：67-121）写了一篇文章《幻想的本质和功能》（*The Nature and Function of Phantasy*），常被当作是克莱茵学派对无意识幻想的立场声明。在这篇文章中，她认为无意识幻想是弗洛伊德在其评论中所提到的心智表现："我们假设它（本我）在某处和身体的过程直接接触，并且从这些过程接管本能需求并给予其心智表现。"（Freud, 1933：98）艾萨克斯坚持无意识幻想是本能的、身体的和精神的心智表征，并且是构成每一个心智过程的基础。这扩展了弗洛伊德对幻想的原初观点，并包含弗洛伊德尚未命名或定义但仅简单提及的精神元素（如"心智表现"）。艾萨克斯对于使用同样的词汇予以正当化，基于起源连续性亦可被应用到其后或更复杂的现象上。

安娜·弗洛伊德反对的观点是：在最早的婴儿期有幻想的客体，在使本能得到满足或被挫伤。她说："弗洛伊德学派理论……同意在此时期仅有客体关系最粗糙的开端，并认为生命被本能满足的欲望所管控，对客体的知觉仅缓慢地达成。"（King & Steiner, 1991：420）虽然接受对早期客体有罪恶感和补偿的幻想，但她不同意克莱茵对其起源所定的时间，因为她并不认为在生命的第一年里有任何本能驱动的合成。黑德维希·霍弗（Hedwig Hoffer）简洁地表明反对意见：甚至在第一年的后半期，"当情绪的雾气散开而明亮，并且一种在某些方面类似我们自己的心智生活开始启动，我很不愿意去称呼这些无关联的心智活动为'幻想'。没有人怀疑一些非常简单的概念的可能性，这些概念包含了我们所说的同一事物的不同分化阶段的元素。但大规模地使用这个名词对我来说，似乎没有任何好处"。

迈克尔·巴林特（Michael Balint）持相反的观点，偏爱使用幻想这个词，因为："①用弗洛伊德使用和建议的名词'本能衍生物'（instinctual derivative）……来取代幻想，可能会给人一种几乎是机械过程的印象……；②'幻想'清楚地表达出，现实经验和愿望型塑之间紧密互动所产生的某个事物；③最后，'幻想'表示这些心智现象是个人的。"（King & Steiner, 1991: 347）费尔贝恩（Fairbairn）想要更进一步地宣称一个内在观念世界的存在："我不能回避这些观点，即'幻想'的解释性概念现在已经因为'精神现实'和'内在客体'的概念而成为过时的，这些概念是克莱茵女士和其追随者努力发展出来的；我的观点是以'内在现实'的概念来取代'幻想'的概念，目前对我们来说是时机成熟的。"苏珊·艾萨克斯不接受这种立场的理由是，虽然这样的观点充分表达了幻想的内在客体之实体本质，但是它移除了无意识幻想的流动性（fluidity），以及它和弗洛伊德驱力理论之关联性。可以说费尔贝恩的建议，会使得克莱茵的理论基本上成为结构理论而忽略其动力的本质。

安娜·弗洛伊德也认为，相对于她所认为的"对生命此刻有压倒性的重要性"的'原欲的冲动'来说，关于'激烈的攻击幻想'的强调太多了"（King & Steiner, 1991: 424）。

## 关于幻想概念的当前观点

在讨论把幻想应用到创造性写作之前，我将概述自己目前对无意识幻想的观点。我认为在"争议讨论会"以及艾萨克斯的文章中这一概念的重要方面迷失了方向，那就是基于或伴随真实体验的婴儿期幻想（例如，饥饿的痛苦以被咬的客体存在）有别于源于否认体验的婴儿期幻想（一个幻觉满足的客体）。部分原因是克莱茵还没有介绍她关于偏执-分裂位的理论和投射性认同的概念。随后出现了很多概念，特别是在拜昂和西格尔的作品中，有很多内容阐明了无意识幻想是如何经历和表达的。正如汉娜·西格尔所言:"第一次饥饿和努力满足饥饿的同时,也伴随着一个客体能够满足饥饿……"只要快乐/痛苦原则是占优势的,幻想就是全能的,且幻想与现实经验之间毫无区别。幻想的客体和从其中获得的满足感都源于发生在躯体上的体验(Segal, 1964: 13)。她指出由负面经验而来的幻想也是真实的:"一个饥饿的、愤怒的婴儿尖叫和踢脚,幻想着他实际上正在攻击乳房……并且他自己尖叫的体验会撕裂他、伤害他,如同撕裂的乳房从他的身体内部攻击他。因此,他不仅体会到一种需要,而且他的饥饿痛苦和尖叫可能会被他认为是对他内心的迫害。"这两种幻想,一种作为善的来源(基于肉体的满足)的理想客体,一种作为邪恶来源(基于躯体的痛苦)的坏的客体,是处于偏执-分裂位的模式。

在抑郁位的模式中,伴随着全能的让渡和连续性的概念,客体可以被感知到存在但却是缺席的。痛苦的体验在自我内部加剧,而且作为失去某物的结果。当客体确认会缺席,客体原先占据的位置就被经验为空的。如果这个空间给人以客体承诺重新回归的感受,它就会给人以良性的(也许是神圣的)感受。如果相反于这种良性的预期而相信空间本身会消灭好的客体(如同天文学上的黑洞),它就会让人感受为有害的空间(可能是灭绝生命的)。对良性空间的信念最终依赖于对客体的爱能在客体缺席后存续,因此有一个地方为客体的"第二次到来"而保留。相反地,由于产生了过多的痛苦,而对客体持续缺席无法容忍时,有害的空间便产生了。因此,客体在幻想中破灭了。结果是客体留下的空间被认定为客体消失的原因,而不只是单纯地因客体缺席而产生。因此,幻想产生一个破坏客体的空间。

临床上这引起了对外部或内部空间的恐惧;这导致了对空间和时间的强迫性操纵,以削弱外部世界出现空隙的危险,同时也促进了强迫性空间填充精神活动,以消除精神空间的任何空隙。我认为这种精神上的填满是通过基于自体性欲的幻想来实现的。

克莱茵认为自体性欲(autoerotism)不是发展的初级阶段,而是与客体相关的活动共存,提供一种补偿性的替代或是对挫折或痛苦感受的逃避,例如饥饿。我认为伴随自体性欲活动的幻想构成幻觉满足的基础,并且幻想发展的路线起源于原始的开端,后来成为了弗洛伊德式的幻想,即《创造性作家与白日梦》的白日梦。在妄想症中,缺陷通过幻想缺失的客体而被否认,或借由妄想成为它——那就是,借由结合的全能幻想或投射性认同,使个体改变对现实的感知。当这种程度的全能幻想失败,或被放弃,知觉并不发生改变,但是,感知的意义得到修正,这是通过向实现无意识愿望幻想的实际事件赋予虚幻的意义得以实现的。正如弗洛伊德所言,这种对过去和现在事件幻觉的阐释可能是神经症症状学的基础(Freud, 1908b)。

即使外在现实受到尊重的情况下,基于自体性欲的幻想也可以与现实平行存在,就像白日梦一样。弗洛伊德在《关于心智功能两个原则和论述》(*Formulations on the Two Principles of Mental Functioning*)(Freud, 1911: 222)中指出:"当引入了现实原则,一部分的思想活动分裂出来",并且他将这与"一个依赖土地开发获得财富的国家,还是会将一些土地保存在原始状态作为保留区……(如黄石公园)"。我想强调他在其他语境中使用的保留区(reservation)这个比喻,因为我认为他对空间隐喻的选择至关重要。关于白日梦的位置我有一些想法,但首先我需要谈谈关于精神空间的概念。

精神空间(我指的是对精神事件的主观感觉),区别于物理空间,已经得到了大量精神分析师的关注。特别引人之处是,在分析精神病或边缘性精神病理学的案例时显示出他们似乎缺少这个空间,因而无法区分发生在他们头脑中的事件和发生在咨询室里的事件。人们已经提出不同的理论来解释实现这种区分所必需空间的正常发展,如同拜昂(Bion, 1962)提出的容器和内容物,以及温尼科特(Winnicott, 1967)提出的过渡性空间。我曾提出(Britton, 1989:87),作为拜昂涵容概念的延伸,稳定的思考空间是由三角空间的内化所提供,而此三角空间是由俄狄浦斯情境下三个成员的相互关系所形成的,因为这包含"成为一段关系的参与者、被第三者观察以及成为两人间关系的观察者之可能性"。如果这一个三角空间形成了,它会为原初客体的主客观观点的整合提供必要结构。如果三角空间坍塌,主客观观点无法区辨,并且个体无法区分对事件的看法和事件本身的差别,或者可能对每一个情境有分离的平行观点,而造成临床上如弗洛伊德所称呼的否认(disavowal),即某事被认为是真实的但又同时不真实(Freud, 1924)。在某些病人中，我发现这种平行与白日梦有密切关系——主观信念（不论是愿望的或可怕的）持续在一个相反的轨道上运行，与接受体现个人观点的现实事件相对立。事实是，一个明显被接受的事实并不需要其他想法的调整，也不会产生本来会产生的情感上的结果。

我认为白日梦所发生的精神位置，即弗洛伊德的"保留区"，是一个除了知觉空间之外的幻想空间。在英语中，它通常被称为想象，正如"然而，在他的想象中，事情完全不同"。

## 想象力

在对心智功能解剖式的阐述最早的尝试中，想象被描述为大脑中的一个空间区域，与理性和记忆的距离相等。米尔顿（Milton）时代的心理学是……纯粹而简单的。大脑……由三个细胞组成。第一个细胞是想象力（字面意思是"幻想"或"想象"），第二个细胞是理性……第三个细胞是记忆力（Ellidge，1975：464）。在米尔顿之后的一百年，柯尔律治（Coleridge）[与华兹华斯（Wordsworth）一起]雄心勃勃地试图定义想象，这是当时浪漫主义运动的核心哲学概念。他将可能涵盖的内容细分为三个主要部分：初级想象、次级想象以及幻想。第一个"成为所有人类感知的生命力量和主要推动者"；第二个是"对前者的回应，溶解、扩散、消散，以便重新创造，努力理想化和统一"。第三个，他保留了旧的术语"幻想"（Fancy），他认为这是一个低级的活动，只不过是在不同时间和空间重新安排现有的精神材料（Shawcross，1968：202）。

对于初级想象，玛丽·沃诺克（Mary Warnock）回顾了从洛克（Locke）到 20 世纪哲学家对想象力概念的阐述后，她总结道："我们已经绕过一条漫长且迂回的道路，来到了华兹华斯指引我们的地方。"想象力是我们诠释世界的手段，也是我们在头脑中形成画面的手段。她接着说："我们辨别形态作为某物的形式，如维特根斯坦所说的，是通过它和其他事物的关系。在我看来，赋予'想象力'这个名字似乎既合理又方便，将'想象'代表我们的知觉，可以超越那仅仅是感觉的领域，而进入理智或思想的领域。"

（Warnock，1976：194-95）

对我来说，柯尔律治的初级想象，近似苏珊·艾萨克斯的无意识幻想概念，作为全部感觉和本能的心智表现。次级想象是在客体缺失的情况下，通过创造性重建的事物和功能；在华兹华斯的诗歌中，次级想象通常是安慰性的、象征性的和升华的。柯尔律治认为这是一种低级的活动，就像弗洛伊德在"梦的工作"中对其他因素的比较（Freud，1900：490）。

日常使用中柯尔律治将想象定义为次级想象或幻想。不同于他对初级想象的定义是传达知觉，想象与知觉或记忆截然不同，清晰的头脑就能辨别。我称之为心灵空间的想象在柯尔律治的术语中是次级想象或幻想。柯尔律治和华兹华斯为了区分这两者煞费苦心，把次级想象作为创造力的来源和想象力的替代品。我们可能会在真实的小说和白日梦之间做出相似的区辨。临床工作令我相信，我们所指的这种观点下的想象，原本是指原始客体（母亲）缺席时，在幻想中所占据的空间。我认为在这个空间里，她总被认为与俄狄浦斯情境的另一个对象（父亲）在一起。简而言之，它是对看不见的最初情景的设定。一个特别的病人反复梦到他称为另一个房间的场景，并引导我也称之为另一个房间。在另一个房间里发生的事情根本不可能知道，因为根据定义，这是病人未曾出现的房间，这是客体没和病人在一起时所存在的地方；在病人的想象中，当病人不在的时候，客体总是和另一个客体在一起。我想另一个房间总是另一个房间。另一个房间提供了一个可以投射幻想的位置；这就是弗洛伊德所谓的"原初幻想"（primal phantasy）（Freud，1933：370-71）可以发生的地方。最初情景，尽管它可能是由知觉、经验和身体的幻想组成的，是在想象中构造的。

最初情景的无意识幻想有很多：对神的祭典、理想的结合、恐怖结果的怪异融合、遭遇谋杀、对所有性感区域多种形式的愉悦的满足。它们可能是崇拜、嫉妒、精神错乱、极度焦虑或变态的来源，但它们也可能是对个体探索关系的本质的一种刺激和为其提供的背景。我认为后面这个可能性是严肃想象小说的基础。然而，最初情景也可以提供有意识愿望满足的幻想基础。这些正是我想要讨论的与弗洛伊德的幻想相关的部分。在这样的剧本中，建立在意识幻想之上的最初情景的基础仍然是无意识。理想性交的无意识画面是与婴儿自己的幸福喜悦一起创造的。然后，它被认为是"另一间屋子里"父母结合的投射。因此，它基于精神意义上的"真实"的两件事：一件是由婴儿自身的关系产生的幻想，另一件是因父母结合而产生的原初（primal）幻想，就像弗洛伊德一样，我认为这是一种先天的想法。综上所述，他提出这种幻想是"种族的禀赋"；我认为这种幻想作为客体连续性的一个必要条件而出现，因为缺席客体的生活只能以客体关系的形式存在于想象当中。缺席客体所在的位置，即另一个房间，需要另一个存在为它提供空间和维度，因为这些最终基于客体的相对位置。

关于父母结合的无意识理想版本，可以成为对这对甜蜜伴侣有意识的、抽象概念的基础，这一版本可藉由分裂与包括概念上"真实的"其他任何版本的父母相分离。这提供了一个关于婚姻幸福或成功征服的白日梦模板，通过习得投射性认同，"白日梦"的作者可以成为其中的主要参与者。我认为是俄狄浦斯式的白日梦基于自己利用投射性认同篡夺父母其中一位的位置。它们可能限于自慰性幻想、浪漫的白日梦或是逃避现实的小说，它们或产生持续的俄狄浦斯错觉，通过分析中的情欲性移情或常见的某种对医师、教师、神职人员等的情欲狂热将自己表现出来。

接下来，通过简单的临床解读，更清晰地说明我的观点。在我的督导分析中，呈报了一个梦境。病人是一位年轻的美国作家，相当有天赋，但却饱受抑郁、歇斯底里和心身症状的折磨。她的小说通常是关于婚姻的，充满了理性的严肃、饱含苦痛，与此形成鲜明对比的是，她做的白日梦则以一种尤为天真的方式沉溺于邂逅浪漫之中。在分析中，她形成了一种情欲性移情，就像弗洛伊德在《移情之爱》（Freud, 1915）中描述的那样。显梦的报告中包含了许多细节，这些细节将男人的梦中形象与她的分析者和她父亲的变相联系在一起；床上的女孩看起来就像一个女演员，她的名字和病人的母亲同名。

房间在外表上有模糊的岁月感。梦中，一个年长的男人在床上对一个女人或女孩做着某些性事；病人认出那个女孩样的女人是她自己，但她同时也从壁橱里看到了那一幕。作为观察者，她感到害怕，而作为床上女孩样的女人，她意识到自己在性方面很兴奋。

我认为病人在其梦中正在观看最初情景的幻象版本，她将自己插入到她母亲的身份中。在这里我们可以看到，正如弗洛伊德所描述的，一个白日梦（床上的场景）作为夜晚梦境的核心。关于白日梦本身是如何从最初（primal）情景的无意识幻想中建构出来的，在梦中还有更多的提示。

我认为整个过程的顺序如下：这位年轻女子有关于她父母之间最初情景的无意识幻想；这种无意识幻想通过投射性认同，转化为取代母亲位置的幻想；由此产生的场景构成了意识层面白日梦的基础；此白日梦成为夜晚梦境的核心。在分析之前，白日梦被潜抑，并且形成了反复出现的恋母（俄狄浦斯）情结和歇斯底里症状的基础。

## 弗洛伊德、幻想和文学

回到《创造性作家与白日梦》，我们可以看到，如果将这篇论文作为判断弗洛伊德对文学见解的唯一依据，那将是非常具有误导性的。这并不奇怪，它以还原论的方式冒犯了一些作家。在《精神分析导论》（*Introductory Lectures*）（Freud, 1917: 376）中的一段话也给人留下了相似的印象：

> 艺术家再一次入门……离神经症不远，他受过分强大的本能需求所压迫……远离现实，把所有的兴趣和性欲，都转移到幻想生活的一厢情愿中去，至此，可能踏上通向神经症的道路……他们的禀赋可能包含强有力的升华能力，以及对对冲突有决定性的潜抑给予一定程度缓解的能力……可以确定的是，他不是唯一过着幻想生活的人。通往幻想的中途区域得到人类普遍认同的许可，而每个受苦受难的人都希望从中得到缓解和安慰。

就是类似这些段落导致罗杰·弗莱（Roger Fry）批评弗洛伊德，批评的两个特定罪状是：弗洛伊德所说的只能应用在"二流的"或"不纯粹"的艺术家，并且他过度强调幻想的角色，而忽略了艺术作品中更严谨的美学特征（Jones, 1957: 439）。

一方面，在《创造性作家与白日梦》里弗洛伊德描述孩童的游戏，以及暗示了后来相对应的部分，即创造性作家的作品，是"非常严肃"的（Freud, 1908a: 144）。另一方面，他使用以下措辞，如各种的"幻想""空中楼阁"和"白日梦"，代表作家的想象产物。他对作家创作过程的总结之一如同他设想所使用的术语，是我们从他的梦理论中所熟知的，而对弗洛伊德来说没有比做梦更严肃的事了。然而，在这篇论文中，他主要是提出他的观点，即存在一个"保留区"，在其中快乐原则可以不受现实的影响，对于大多数青少年和一些成年人来说，这是白日梦，而对某些有特殊能力的人群来说，就是创作。

然而，在许多他的其他著作中，却持不同的观点，清晰表明他认为诗人、剧作家和伟大的小说家获得心理真理的途径非比寻常。他常把虚构的人物作为人类心理普遍真理的原始素材，并且常在求知欲强烈的时候，在这些素材中寻找支持。"这几乎不可能是偶然，历史上三大文学大师的著作——索福克勒斯（Sophocles）的《俄狄浦斯王》、莎士比亚的《哈姆雷特》、陀思妥耶夫斯基的《卡拉马佐夫兄弟》——都谈及同一主题：弑亲。在这三部作品中行为的动机都是围绕女人的性的竞争，均赤裸裸地呈现"。（Freud, 1928: 188）从他发展精神分析的早期开始，他就从诗里寻找先驱者。"事实是当时的诊断和电击的作用无法引领歇斯底里症的研究，反而是对心智过程的详细描述，比如我们习惯于在富有想象力的作家的作品中发现，伴随一系列心理学定律的使用，至少某种程度上可获得对那些苦难的见解"。（Freud, 1893/95: 160）在晚年他写道："想到有些人毫不费力地就能从情绪的旋涡中理出最深处的真相，而对此我们其他人不得不在无休止的令人折磨的不确定中努力摸索，真是一声叹息。"（Freud, 1930: 133）就在我们讨论的这篇论文不久前成文的《杰森的〈格拉迪瓦〉的妄想与梦》（Freud, 1907: 8)中，他说："创造性作家是可贵的盟友，他们提供的证据得到高度的肯定，因为他们更容易知晓发生在天地之间的众多事情，而这些是我们通过哲学尚未梦想到的。他们对心灵知识的了解远胜于我们这些凡夫俗子，因为他们利用的资源是科学尚未触及的。"

在这些段落中，弗洛伊德似乎同意华兹华斯在《抒情歌谣的前言》

(*Preface to the Lyrical Ballads*)中对诗的真实性的主张，或同意路易斯·麦克尼斯（Louis MacNeice，1942：20）所说的："我认为……诗人的任务就是写实主义，只要承认他尝试要描述的现实来自于科学家、摄影师或任何记录事实的人但不包括他自己，并且与小说家描述的现实相去甚远。"然而，在《创造性作家与白日梦》里，弗洛伊德选择了"并不受评论家们最推崇的作家，而是不那么狂妄的长篇、短篇和言情小说的作家，他们拥有最广泛、最热切的两性读者群"（Freud，1908a：149）。事实上，在之前的文章中，他曾将自己作为白日梦的例子，这个情节很容易在逃避现实的电影里或是一本畅销小说里找到。像许多这样的场景一样，它是一个符合时代的、充满感情的、有着圆满结局的俄狄浦斯情结的版本。

虽然弗洛伊德清楚知道作者在作品的质量方面有很大的不同，但他似乎并没有提到逃避现实的小说和严肃小说之间的本质区别。小说与外显的白日梦越相似，越显得平庸，情感上不苛求，平民化，并受到严重贬损。作品越是与无意识和深刻唤起的事物共鸣，就越有可能受到好评。也许我们可以说，虚构的作品越像外显的白日梦，它的分量就越小，它越像真实的梦，我们就越认真地对待它。弗洛伊德关于《李尔王》深刻影响的评论似乎为这一观点提供了支持。他建议莎士比亚去掉传统神话的来源，剥除其愿望转变的表层（或次级修正），使我们暴露于更令人强烈不安的原始神话意义中。

弗洛伊德在《梦的解析》中阐明了白日梦在真正的梦形成中的作用。在描述了"凝缩（condensation）的倾向、逃避稽查的必要性和可代表性的考量"（Freud，1900：490）之后，他加入了第四个因素，他称之为次级修正。他对这个因素的蔑视远远超出了其他因素。这种功能运作的方式，就像诗人对哲学家的恶意讽刺一样；它以碎片和斑点填补梦结构的缝隙。他进一步认为它类似白日梦，利用其他因素提供的原始素材，创作出一种满足天真的欲望的叙述，以及取悦作者的情节。"我们可以简单地说，这第四个因素企图将提供给它的材料塑造成像白日梦一般的东西。然而，如果在梦与思想的核心已形成这类白日梦，那么这个影响梦工作的第四个因素会首选掌控这个已经形成的白日梦，并且设法将它纳入梦内容之中"。（Freud，1900：492）

## 白日梦和无意识幻想

使用白日梦作为文学材料来源的最佳例子之一就是艾米莉·勃朗特（Emily Brontë）的作品，尤其是她的诗作。艾米莉·勃朗特和安妮·勃朗特（Anne Brontë）从孩童期就开始玩她们称之为冈达的游戏，而且不论在一起还是一个人的时候她们都持续地玩这个游戏，直至生命的终点。游戏被设定在一个北太平洋的想象之岛，名叫冈达，精心刻画的人物形象和故事剧情都带有强烈的拜伦式寓意。她们写过关于冈达的长篇散文故事，但并未能留传至今；而留传下来的是艾米莉基于这个背景、其中的角色以及所处环境所创作的诗。某些冈达的诗作很出色，但散文的来源似乎和青春期少女的白日梦有着强烈的类似性。德里克·斯坦福（Derek Stanford）是一位文学学者，同时也是安妮·勃朗特的传记作家，他认为"冈达中那些美好的部分是偶发的和与它不相干的……这些诗作抒情优美的表达、热烈和深厚的思想与其摇摇欲坠的结构和幼稚通俗的情节是丝毫不相称的"。他进一步认为那些与我们主题有相当关联的是："冈达中角色和事件的结构，部分代表了艾米莉和安妮意识层面的创作；并且这个意识层面的架构如磁铁一般……作用于艾米莉的无意识。"

我认为可以在38节冈达诗作《囚禁者》（*The Prisoner*）中找到这样的例子。前3节生动地设置了场景，让我们回想起《呼啸山庄》开篇的一个部分。从第4到第17节，诗作叙述了在一个潮湿的地牢中，美丽的、悲剧式的女主角受到不公正的囚禁，当她被儿时朋友也是其暗恋者朱利安阁下发现时，她已经奄奄一息。这些诗句带有丰富的情感又有一定的受虐伪装，是情欲的白日梦。以第7节为例，展现这些诗句的品质：

囚徒抬起了她的脸庞；如此柔软温和，

犹如大理石雕刻的圣贤，或是襁褓中打盹的孩童；

它是如此柔软温和，如此甜美可爱，

毫无痛苦的痕迹和悲伤的踪影！

如同小说家查尔斯·摩根所言："写出这些并不需要天才！"紧接着，诗作的品质突然发生变化，而且变化如此之大，以致摩根认为前后部分的联结可能存在编辑失误："从一份过时的歌德式忧郁的沉闷习作，（这首诗）突然转而成为英语诗歌中描述神秘经验的最伟大作品之一。"从第17节中段到第23节，当女主角说出她对死的愿望并且触及超脱于生命的普遍愿望时，这首诗达到前所未有的高度。在第21节，她通过一连串的反义词（隐藏的／显现的、感觉消失／感受本质、飞行中／在港口中、弯腰／跳跃），展现了对立的精神，从逻辑对心理的束缚中唤起了自由的感受：

然后未见的、隐藏的真实得以显现；

我外在的感觉消失，而内在的本质得以触及——

它的翅膀几乎是自由的，找到了它的家和港口；

它弯腰丈量深渊，勇于最后一跃！

在下一节她描述她渴望脱离身体感官的束缚：

喔，可怕的是核对——强化了痛苦

当耳朵开始听见且眼睛开始看见；

当脉搏开始搏动，头脑再思考，

灵魂感觉到肉体而肉体感觉到枷锁！

通过这些诗句，艾米莉从她内心世界的某处发声，这个世界不同于虚幻的冈达世界！诗句提示了更有价值的真理得以言说：那些她感觉被囚禁的东西，存在于自己的思想和身体里，并不在细胞里。我们受到引导，听见最后一行诗句"肉体感觉到枷锁"；生命本身是晨间不受欢迎的不速之客，而死亡则是信使。就像她在其他地方写的，死亡的冲动找到了诗意的声音。

如果考虑斯坦福的观点："冈达结构……如磁铁一般……作用于艾米莉的无意识"，会让我们想起弗洛伊德关于梦形成时白日梦与无意识心智内容关系的见解。弗洛伊德在白日梦和次级修正之间建立了确切的联系。他给我们留下了两种可能性：一种是由他第四个因素（次级修正）产生的一种以叙事形式存在的梦的表象，另一种是预先存在的白日梦提供了一个现成的梦的表象，使更深层的无意识材料可以插入。后一种模式似乎符合艾米莉·勃朗特的诗。

这首诗也阐明了我对另一个房间的看法——想象中的最初情景的幻想变形。艾米莉的白日梦建立在对最初情景无意识幻想的基础上。这一版本伴随着母亲成为被暴虐父亲禁锢的受害者，表现出施虐受虐。通过投射性认同进入这一情境，艾米莉将自己置于母亲的位置并把自己塑造成一个浪漫化的女主角，产生了一种情欲-受虐的冈达般的白日梦，形成了诗人意识的基础。我倾向于认为，施虐受虐的最初情景是对垂死母亲的抑郁幻想的一种令人兴奋的防御性转型。我认为，这唤起了她对死亡的幻想，从她自己婴儿时的痛苦、禁闭和分离中找到了诱人的救星。在这些更深奥的材料进入诗歌的时候，它以不同的方式与我们对话，与我们自己的无意识幻想共鸣。

## 结论

弗洛伊德乐于提出保留区概念，在其中个体古老的愿望，从真理或现实的检验中解脱出来，得到虚幻的满足。他认为，这个受保护的区域是白日梦的发源地。它也是温尼科特提出和发展其过渡性空间概念的模型。在一封写给维克托·斯米莫夫（Victor Smirnoff）的信中，他将其描述为"一个中间的区域，我称其为休息之地，因为生活在这一区域的个体免于从幻想中区分事实而处于休息状态"（Rodman，1987：123）。弗洛伊德对幻觉的看法不像温尼科特那样乐观，认为它是个人和社会发展的障碍。他说，"相信人性的善良"是"一种邪恶的错觉"。在保留区——宗教、神经症、白日做梦、儿童游戏、文学——弗洛伊德仅认可最后两项是有益健康的。孩童的游戏是有益的,因为它是自然发声的而且得到孩子们的严肃对待,而艺术因为它是无害的且并不严肃。"驳斥科学基本地位的三种力量中,单是宗教就被严肃地视为敌人。艺术几乎总是无害的并且有益的;除了幻想,它不寻求成为其他任何的东西。"(Freud, 1933: 160)

再来看他对于文学的两种见解:其一是他遵从他对幻想的一般概念,另一个是当他从其临床经验推演出理论时,他希望他的同盟,文学作品中的重要角色来证实。在《自我与本我》出版后的几年中,他从根本上改变了对内在与外在世界之间关系的想法。他甚至放宽了对宗教的评价并且制定了一个我们可以应用于文学上的定理(尽管他忽视了这么做):

> 我更加清楚地意识到人类历史事件及人类天性、文化发展和原始时代经验(最典型的例子就是宗教)之间的互动,都不过反映了自我、本我和超我之间的精神动力学冲突,正是精神分析对个体研究的结果——现在则是在更宽广的舞台上重新演绎着相同的过程。在《幻象之未来》(*The Future of an Illusion*)里,我表达了对宗教根本的负面评价。后来,我发现了一个更适合的公式:虽然我承认力量存在于所包含的真理之中,但我表明了真理不是一种物质,而是一个历史事实(Freud, 1935: 72)。

文学作品中发生的"相同的过程"并不是在"更广阔的舞台"而是在一个内在的舞台上,通常称之为想象。在本文中提出的"另一个房间"是存在于知觉之外的地方,因为就在这里重要客体持续存在于我们不在场时。因此,它不可能包括我们的实际存在。在我看来这另一个房间源于不可见最初情景的场景,亦即婴儿期里不在场的地方和未参与的活动中母亲的身影仍然存在。在写这篇文章的过程中,我读了加斯东·巴什拉(Gaston Bachelard, 1964)的《空间诗学》,有感于我们对于想象的观点惊人相似。他设想诗意的空间如同一个房间"以影像的形式居住在其中,就如一个人生活在'想象'的影像里……一个作者容纳自己的房间,一个能把不存在于自己生命中的生活激活的房间"。从本质上说，我认为另一个房间是虚构的空间。这个空间可能充满了空洞的、补偿的、令人满足的白日梦，或者它可能包含在这些"梦想的表象"的背后，象征着大量的无意识幻想。

因此，我们可以将弗洛伊德的公式应用于文学："它的力量在于它所包含的真理。"这不是基于与外在现实相符的物质真理，而是基于与精神现实相符的精神真理。在临床上，就像遇到与外部事件相关的否认一样，所以我们在内部事件中也会遇到相同的情况。有时，我们在写作中发现外部世界的虚伪，但内部世界的歪曲更为常见。这并不需要理论化和抽象——当然不是针对分析师；日常实践中，我们每天都能听到各种严肃小说和逃避现实的小说。病人的一些幻想表达了精神现实，有些则创造了精神上的非现实。当听到这些幻想时，我们的问题并不是它们是否与外部现实相符，而是它们试图实现无意识的信念还是逃避？

超现实主义是一种对内部世界不寻常的防御；它是通过坚持外部世界和构建一个伪精神生活来实现的。我们也会遇到绝对的理想主义，不是作为一种哲学，而是作为每天对外部现实的防御。温尼科特（Winnicott，1960）命名真我与假我（true and false self），意指有的病人把自己划分为介于灵巧适应于外在客体的部分和一个真实但完全主观的生活。与此相反，罗森菲尔德（Rosenfeld，1971）描述了那些在自我之外对重要的客体关系有敌意的患者，表现为一种破坏性的自恋，坚持认为应该关注并重视唯我论的观点。在艺术和文学作品中，我认为，其表述缺乏情感上的意义。在艺术中破坏性自恋的类似物是其美学运动的版本，该运动坚持艺术是本身具有目的性，意指艺术并非来自于生命，也不会影响生命，艺术只是关于艺术本身；一首诗只是关于诗；一幅画只是关于画。

费伦奇（Ferenczi，1926）认为，确有针对发展中现实意识的替代防御；有些具有精神恐惧的个体试图从他们的头脑逃离并进入外在的"现实"中，而另一些人则回避以进入内心世界，以避免外部世界的恐惧。与这些仅对外部世界或仅对内部世界的防御不同，它在内部和外部现实的交界处发挥作用并得以发展；通过主观与客观观点的碰撞发挥效力。对此，精神分析做得最为出色。

在日常生活中，无意识幻想通过象征寻求升华。在我们这个时代的大规模世俗主义之前，宗教是日常生活的一部分，提供了无意识幻想的象征表达；神学是研究的手段，用它自己的术语来说，就是它所表达的心理学事实。宗教衰落以来，艺术已然承担更重要的角色，为那些无法用物质活动表现出来的无意识幻想，在自我之外，提供共享的区域。我的观点是，文学或精神分析，在它们最好的状况下，企图了解何者是外在中最深度的内在。汉娜·西格尔在她的开创性论文《美学的精神分析方法》（*A psychoanalytic Approach to Aesthetics*）中写道："可以说艺术家具有敏锐的现实意识。他经常神经质，在许多情况下可能表现出完全缺乏客观性，但至少在两个方面他表现出极高的现实感：一个是关于他自己的内在现实，另一个是关于他的艺术材料。神经质的人以一种魔力般的方式使用他的材料，差劲的艺术家也是这么做。真正的艺术家，察觉到他所必须表达的自己的内在世界，也察觉到他所运用的外在材料，可以在完全的意识中使用材料来表达幻想。"（Segal, 1952: 197）

生活中有一个地方可以逃避现实，就像有地方睡觉一样。弗洛伊德的保留区是愿望思考的保护地，或者温尼科特幻想的休息之地可由书籍、电影、戏剧和电视等来提供，但这些休息的地方并不是为了生活的满足和文学的满足。他们属于约翰·斯坦纳（John Steiner, 1993）所称的"精神避难所"的物种，如果将其视为永久的避难所，就会变成病态的组织。过度地使用，逃避现实的小说就变成了具有成瘾和变态的元素并以精神避难为特征的庇护所。

## 参 考 文 献

Bachelard, G. 1964. *The poetics of space,* trans. M. Jolas. Boston: Beacon Press, 1969.

Bion, W. R. 1962. *Learning from experience.* London: Maresfield reprints, Karnac, 1984.

Britton, R. 1989. The missing link: Parental sexuality in the Oedipus complex. In *The Oedipus complex today,* ed. J. Steiner, 83–101. London: Karnac.

——— . 1991. The Oedipus situation and the depressive position. In *Clinical lectures on Klein and Bion,* ed. R. Anderson, 34–45. London and New York: Routledge.

Ellidge, S. 1975. *John Milton "Paradise Lost."* 2d. ed. New York and London: Norton.
Ferenczi, S. 1926. The problems of acceptance of unpleasant ideas: Advances in knowledge of the sense of reality. In *Further Contributions*, 360–79. London: Karnac, 1980.
Freud, S. 1893/95. *Studies on hysteria*. Co-written with J. Breuer. *S.E.* 2.
———. 1900. *The interpretation of dreams. S.E.* 4.
———. 1907. Delusions and dreams in Jensen's *Gradiva. S.E.* 9.
———. 1908a. Creative writers and day-dreaming. *S.E.* 9:141–54.
———. 1908b. Hysterical phantasies and their relation to bisexuality. *S.E.* 9:155–58.
———. 1911. Formulations on the two principles of mental functioning. *S.E.* 12.
———. 1915. Observations on transference-love. *S.E.* 12:157–71.
———. 1917. Introductory lecture XXIII. *S.E.* 16.
———. 1920. *Beyond the pleasure principle. S.E.* 18:7–64.
———. 1923. *The ego and the id. S.E.* 19:13–59.
———. 1924. The loss of reality in neurosis and psychosis. *S.E.* 19:187.
———. 1928. Dostoevsky and parricide. *S.E.* 21.
———. 1930. Civilization and its discontents. *S.E.* 21:59.
———. 1933 [1932]. *New introductory lectures on psychoanalysis XXXV. S.E.* 22.
———. 1935. Postscript to An autobiographical study. *S.E.* 20.
Isaacs, S. 1952. The nature and function of phantasy. In *Developments in Psycho-Analysis*, Melanie Klein et al., 67–121. London: Hogarth.
Jones, E. 1957. *Sigmund Freud: Life and work.* Vol. 3. London: Hogarth.
King, P., and Steiner, R., eds. 1991. *The Freud-Klein controversies, 1941–45.* London: Routledge, 1991.
Laplanche, J., and Pontalis, J.-B. 1973. *The language of psycho-analysis.* London: Hogarth, 1973.
MacNeice, L., ed. 1941. *The poetry of W. B. Yeats.* London: Oxford University Press.
Rodman, F. R. 1987. *The spontaneous gesture.* Cambridge, Mass., and London: Harvard University Press, 1987.
Rosenfeld, H. A. 1971. A clinical approach to the psychoanalytic theory of the life and death instincts: An investigation into the aggressive aspects of narcissism. *Int. J. Psycho-Anal.* 52:169–78.
Segal, H. 1952. A psychoanalytic approach to aesthetics. In *The work of Hanna Segal*, 185–206. London and New York: Aronson, 1981.
———. 1964. *Introduction to the work of Melanie Klein.* London: Hogarth.
Spark, M., and Stanford, D. 1966. *Emily Brontë: Her life and work.* London: Peter Owen.
Steiner, J. 1993. *Psychic retreats.* London: Routledge.
Winnicott, D. W. 1960. The maturational processes and the facilitating environment. In *Ego distortion in terms of true and false self*, 140–52. London: Hogarth, 1972.
———. 1967. The location of cultural experience. *Int. J. Psycho-Anal.* 48:368–72.

# 《创造性作家与白日梦》——一篇评论

珍妮·查舍古特·斯密盖尔❶（Janine Chasseguet-Smirgel）（著）

菲利普·斯洛特金（Philip Slotkin）（英译者）

弗洛伊德的《创造性作家与白日梦》（*Der Dichter und das Phantasieren*）（1908），因其特定的内容和对其思想与选题引发的思考，英译名为"*Creative Writers and Day-dreaming*"，而法译名为《文学创作与白日梦》（*La création littéraire et le rêve éveillé*）。这两种译法均严格依据字面含义进行翻译，并且尽可能地减少了原版标题变化引起的概念模糊。德语中"*Dichter*"实际上指诗人，其所有隐含的含义包括想象、创造能力和从外部现实中抽离的倾向。就文本而言，法语版翻译者（M. Bonaparte & E. Marty）有时用"创造者"替代"文学创造者"❷。

通过阅读弗洛伊德的论文所提出的问题之一是，他的假设是仅与写作的过程有关，还是适用于整个艺术创作，甚至人类活动各个领域里的创造精神。德语"*Phantasieren*"并没有"幻想"（phantasy）的精神分析内涵。它出现于弗洛伊德开创精神分析之前，其概念涵盖了一般的想象活动。弗洛伊德承认在自己的文章中经常使用"*Tagtraum*"一词，字面意思就是"白日梦"。然而，他的研究实际上提出了另一个问题：创作一件作品仅仅是白日梦般的意识活动，或者从更根本的角度来看，亦不仅仅基于无意识幻想占主导的无意识精神活动？

---

❶ 珍妮·查舍古特·斯密盖尔是一名培训分析师，也是法国精神分析协会的前任主席。她曾任 IPA 副主席（1983—1989）、伦敦大学学院弗洛伊德教授（1982—1983）和精神分析医学协会 Andre Ballard 讲师（1984）。她现在是里尔大学精神病理学教授。

❷ 马西安杰罗（Lugano）教授在私下交流中提出了一些与弗洛伊德原标题翻译有关的问题。

当我们注意到弗洛伊德把他认为是文学作品的白日梦划分为两大主要类别时，另一种模糊性显现出来："它们要么是进取的愿望，会健全人格；要么是情欲的愿望。"事实上，他最终从后者中获得了前一种愿望。然而，他也提到了"唯我独尊的自我和自我中心的故事"。换句话说，他展示了创造的自恋维度。两年之后，《达·芬奇与他的童年记忆》(1910)以及1910年对《性学三论》(1905)的评论中，他谈到了自恋，主要是与同性恋者的客体选择有关；仍过了三年，在对史瑞伯(1911)案例的研究中，他提出自体情欲与客体关系之间存在一个自恋阶段；而六年之后，《论自恋：一篇导论》(1914)问世。因此，我们似乎必须沿着1908年所描绘的道路继续前进——也就是说，我们必须努力去理解自恋在创造活动中的总体作用。

最后一个模糊性的考量是关于从阅读文学作品和对伟大作品的总体思考中获得愉悦的本质。我们必须假定此议题也应包括对科学发现的理解，这适用于那些具备该能力的人。弗洛伊德认为造物主是一个引诱者，向我们提供愉悦作为奖励——美学的愉悦，我们因此能够享受他提出的幻想的外在表现，否则我们就会被排斥。他补充道："甚至可以说，这种由作者带给我们的在没有自责或羞耻的情况下享受自己白日梦的效果一点也不小。"弗洛伊德提出的美学的愉悦作为一种奖励，肯定值得仔细研究。

因此，带着以下四个特殊的参考要点，我们来仔细研读弗洛伊德的文本：①文学创作中所用素材的性质；②弗洛伊德关于文学创作延伸至所有创作领域这一过程的可能性；③在创造性活动中自恋的位置；④美学愉悦的本质。

到1908年，幻想的地位超越了记忆（与主体生活中的真实事件有关）并似乎得以确立。一旦弗洛伊德抛弃了他的"神经症"（*neurotica*）（1897年9月21日写给弗利斯的信），外部现实就会屈服于心理现实。对外部来源的创伤，同样如此。

在《梦的解析》（Freud，1900：492-93）中，弗洛伊德提到白日梦的重要性，他把这与无意识幻想相关联，且并未区分这两者的本质（"有许多无意识幻想，由于本身的内容和潜抑的来源，而必须保持在无意识之中"）。

他把它们比作夜间的梦：

> 从神经症的研究中得出了惊人的发现，这些幻想或白日梦是歇斯底里症状的直接前驱物，或至少其中大部分是。歇斯底里的症状并不依附于真实的记忆，而是建立在记忆基础上的幻想。有意识的日间幻想频繁发生，使这些结构为我们所知；但是，就如同这种意识的幻觉，的确也存在大量无意识的幻想，由于内容和源自受压抑的物质，它们不得不停留在无意识。密切研究日间幻想的特征显示，这些幻想的构成物多么应该与夜间思想的产物拥有相同的名字——那就是"梦"。它们有着大量与夜间梦境相同的特性，并且事实上，对它们的研究可以作为了解夜间梦最快和最佳的途径。

他把夜梦和白日梦相提并论，事实上是 1908 年文章的重复，也正是这里所谈的主题：

> 我不能略过有关幻想与梦之间的关系。我们夜间的梦就是幻想……语言，以其无比的智慧，在很久以前借着把漫无边际的幻想定义为"白日梦"，决定了梦的本质。如果我们对梦的意义始终觉得模糊不清，则是因为在夜间一些使我们感到羞报的愿望会浮现；我们自己不愿知道这些愿望，所以这些愿望会被潜抑进入无意识。这种受潜抑的愿望以及它们的衍生物，仅能以非常扭曲的方式来呈现。当科学工作成功地阐明了梦扭曲的因素时，那么就不难理解夜间梦就如同白日梦——而我们都知道这是一种幻想，是一种愿望的实现。

在同一篇论文中，弗洛伊德之前就写道："幻想的动力是未满足的愿望，而每一种幻想都是愿望的实现，是对未满足的现实的修正。"

在此我们提出两个反对观点：①在梦与白日梦、无意识幻想与意识想象

(conscious imagining)之间，是否确有连续性？② "对未满足的现实的修正"，事实上可否成为创造的动力，尤其是如果这种修正仅仅源自于进取和情欲的愿望？

  首先，我将无意识幻想与白日梦作类比，面临着一个尴尬的困境：白日梦是一种精致的、可言说的、表征性的产物，具备视觉性质，提示高度发达的心理功能。与此同时，拉普朗什和彭塔利斯在《精神分析的语言》（Laplanche&Pontalis，1967）中提到过满足的体验，暗示着寻找知觉一致性（perceptual identity）。毕竟，幻想对弗洛伊德来说是充满了愿望的幻想（*Wunschphantasie*），所以我们对愿望的定义是基于对重复获得满足体验的冲动。弗洛伊德在《梦的解析》第7章中对心理装置（psychical apparatus）和愿望实现有以下几点看法：

  生命的迫切需要，最初的表现形式主要为躯体需求。内在需求所产生的刺激在动作中寻求释放，这一过程可以被描述为"内在改变"或者"情绪的表达"。一个饥饿的婴儿会无助地尖叫或踢脚。但是情况却没有丝毫改变，因为内在需求所产生的刺激并非源于一个转瞬即逝的冲击，而是源于持续不断的作用。改变得以实现有赖于在某种方式下（以婴儿为例，通过外部的帮助）获得"满足的体验"，从而终止内在刺激。这种满足体验中的基本成分之一是一种特别的知觉（在我们的例子中指的是喂养），其记忆意象自此以后就与需求所产生刺激的记忆痕迹相联结。联结既已建立，当需求再次出现时，精神冲动会立即出现，寻求再次唤起知觉的记忆意象和知觉本身，也即再次建立原初满足的情境。这样的冲动我们称之为愿望；知觉的再出现就是愿望的实现，而实现愿望最快的路径，就是将需求所产生的冲动引向知觉的完全唤起。没有什么可以阻止我们假设一个心理装置原始状态的存在，而在其中确实贯通这种路径；那就是，在其中愿望以幻觉做结尾。因此，精神活动的首要目标就是要产生"知觉一致性"，即是将知觉的重现与需求的满足之间建立联结。

  在这段文章中，满足的经验被描述为引发一个可能的幻觉，其目的是重复它（寻求知觉一致），文章认为最原始幻想的源头（不论是否形式上是幻觉的）在于躯体的感觉（sensation），而愿望的幻觉式满足重复着一张喂饱的嘴或一个温暖的子宫这样的体验，而不是看到客体（乳房）的视幻觉。换句话说，目前尚处于前语言阶段，在此阶段客体并未被当作客体存在，并且无法与主体做区分来产生视幻觉。视幻觉以全盘理解客体与主体间存在一段距离为前提。

所以，一些无意识幻想起初是与躯体感觉联结在一起，而不依附于文字及视觉的表征。我视这些为幻想原始的基模（matrices）。在克莱茵学派的概念中，满足的经验会立刻在婴儿体内产生好客体的想法，而缺乏满足（饥饿）被认定为有一个攻击身体内部的迫害性客体。从这一点看来，无意识必定本质上是由客体关系所组成的。精神活动被视为由一组客体关系的幻想所组成，而知觉的经验插入客体之中。思想自生命开始就与客体相关。既接受客体关系的立即性又坚信原发性自恋（primary narcissism）阶段的短暂存在是不可能的，从这里孩童逐渐开始或多或少（一般说来，与母亲的态度一致）承认有一个与自己分开的客体存在。然而，我们必须假设幻想活动的起始主要与存在感觉的（coenaesthetic）经验有关，并与本能及其生物学的基础，以及未来更加精巧的、本质上可见可言说的幻想和想象的基模密切相关。

当婴儿被淹没在他完全无力面对的痛苦感觉时，诉诸客体幻想事实上可被视为婴儿对抗无助感的一种防御。在这种情况下，想象一个能被驱逐出去（藉由呕吐、吐口水或排便）的内在敌人，的确比认知到痛苦来源于自身有机体更令人安慰。

不只梅兰妮·克莱茵，弗洛伊德也认为我们天生具有关于乳房和性（恰好满足自我保护本能和性本能客体）的知识，我们也可以接受这个观点。在《狼人》（*The Wolf Man*）（Freud, 1918）中，弗洛伊德假设人类具备本能知识，就类似于存在于动物的本能知识，这些本能知识形成了无意识的核心，是一种原初形式的心智活动，后来因人类理性的出现而消失或被覆盖。弗洛伊德认为孩童18个月大时经历的最初情景，这类本能知识就牵涉其中。

纵使这和弗洛伊德其他关于两性在青春期前对阴道一无所知的陈述（有些甚至包含于狼人治疗的说明中）不相一致，但是本能的理念暗示了早期幻想活动存在的可能性。

然而，性心理的知识和发育过程是潜在的，并不会完全产生效果（就如同基因程序存在于躯体水平）。可以想象平稳度过并逐渐走出满足经验胜过负性体验的自恋阶段对于建立或多或少正常的客体关系的至关重要性。如果个体从一开始一方面产生有关坏客体的幻想，另一方面产生有关好客体的幻想来对抗坏的，这是因为他投入客体维度过早，寻求一个安全的避难所来对抗躯体上无法言说的痛苦体验。此种朝向客体的逃离无疑容许了心理组织的发育，但如果它发生得太突然和太早（通常由于一个坏母亲的环境），这会干扰与客体的关系，而个体可能会试图不理会此客体关系而重回自体情欲（autoerotism）。

这种病理性的自体性行为见诸进食障碍和物质依赖者，在此类人群中，同样可以观察到病理性自恋。物质成瘾者，虽然客观地依赖药物，但倾向于让自己独立于外部客体（母亲-乳房）。此外，他追求一种精确的感觉：激烈、兴奋等。仅有少数药物，如麦角酸二乙基酰胺（LSD）和麦司卡林（Mescaline），可致大量图像产生。而视幻觉在特征性的精神病性幻觉中较为少见。在慢性妄想症中，视幻觉也不常见，而通常包含幻嗅、幻味、幻触、幻听以及美感的幻觉。换句话说，精神疾患回归了幻想的躯体模态——也就是在主客体分化之前的自恋阶段。这仅仅是另一种说法，妄想将原初的感觉插入意义的网络，其中还包含了客体，实际上试图重建与客体关系的连接（相当于婴儿开始将自身的躯体感觉归于客体的位置）。

创作者所使用的素材不能仅限于白日梦（或幻想，等同于白日梦）。这只会产生次品。真正的创作者必须穿透表层的所有精心掩饰和替代（象征）以深入底层——这一过程正是平凡创作所缺乏的，也不可能是精神病性的（Segal，1957）。创作的过程，包括文学创作，仍然将思想（白日梦）的表达放在首要位置，然而也伴随着与无意识最原始层面沟通的能力。在这个观点中，无意识包含的不只是事物呈现（thing-presentation），也包含原始的身体经验之记忆痕迹，这种经验通常被精心加工并与事物呈现相连接，与添加了与意识-前意识（Cs.-Pcs.）系统相关的文字呈现（word-presentation）相连接。

精神分裂症患者，如我们所知，常常将语言视为客观事物（Freud，1915）。他们自身缺乏接近客体的途径，不得不满足于语言，即客体纯然抽象的影子。也许必须强调的是在精神分裂症患者中发现的两类抽象，第一类是语言，第二类是幻想的躯体基模，所以他们倾向于产生与躯体感觉相关的幻觉——例如电流、冷风、刺痛感、摇动、剧痛、气味、金属味等——同时在两个相对的实体之间缺乏任何象征性的加工。

基于以上论述，现在可以尝试回答关于创造性过程是否应该作为一个整体来研究的问题，而文学创作仅被视作其中一个例子。事实上，如果再发现这些原始幻想的基模总是重复出现在对它们的不同程度的加工和隐藏工作中，想必从艺术中去寻找，至少与文学中是一样合理的。抽象（非几何）绘画无疑使我们直接接触到那些不可言喻的躯体体验，既没有文字也没有具象的表象。例如以下美国画家纽曼（Newman，1905—1970）的引言，他将画家的功能与哲学家和科学家相对比："正如我们通过数学方程式的符号得到宇宙的影像，我们通过抽象形而上的概念得到真理的影像，而今天，艺术家正是通过视觉符号给我们真理的影像。"（引自 Kampf，1990）这种通过抽象艺术来表达宇宙真理的愿望（尽管抽象，它还是具有展示的意图，具有代表性——纽曼的作品和所有标题引起了宇宙创造的联想：第一天、前一天、原始的光、语言、这里、声音等）与旧的印象和感觉联系起来，与主体和客体的区别有关（毕竟，这是关于宇宙创造的问题）。

康普（Kampf，1990）描述马克·罗思科（Mark Rothko，1903—1970）的作品如下：

---

在马克·罗思科的作品中，我们直面一种高度个人化的陈述，带领我们走进仪式和图像的世界。罗思科式的散布的、长方形的结构漂浮在朦胧的色域中，与画布的边缘相呼应。它们柔和的、含混的轮廓溶进模糊的空间，而不是从明晰的背景中将它们抽离出来。薄层的画作图形振动和呼吸，前进和

后退，如同被一只不可见的手移动，并留下一个残影。藉由消除这些画作的线条、运动和形象，把它们简化为形状、颜色和空间，艺术家将它们去物质化。画作引发寂静、庄严、沉思和超越的气氛；它们反映出观看者由其所引发的思想和感觉。在它们的亮黄色、深红色、暗蓝色或灰色变化中，这些画作引发神秘和神圣感；它们创造沉闷的、重复的其他（otherness）空间——神圣悲怆的抽象图像。

这里所使用的文字——柔和的、含混的、模糊的、振动、呼吸、气氛、寂静、沉思、超越、思想、感觉、神秘、超自然、阴暗的、空间、神圣的等——使我们面对一个弥漫的、壮丽的而又诡秘的宇宙，其中，一个既有吸引力又致命性的神秘客体，交替着显现和隐藏。至此，再一次，我们确实正在接近一种即刻追逐且令人害怕的原始经验（罗思科自杀死亡）。任何时期的伟大画家，不仅是充满想象的抽象派画家，不论属于哪种学派或作品如何精巧，他们都可能以某种形式将幻想基模的重聚呈现给我们。

---

与此相类似的探索也必须扩展到音乐领域，它毕竟是一种距离将思考语言化最为遥远的一种艺术形式，但可能以一个有秩序的形式最显著地表达那些抽象的情绪和感觉。科学创造，也可以说是文学和艺术创作的类似物。我们会说科学"创造"并非意外。这个词汇是亨利·庞加莱（Henri Poincaré，1854—1912）所用的，他的论文《数学创造》（*The Mathematical Creation*，1908）一开始便说："数学创造的产生这一问题激起了心理学家们强烈的兴趣。这是受外界影响最小的人类心智活动，在这一活动中，它本来或者看起来就像是为自己而运作，并且作用于自身，所以在研究几何思维的过程中，我们希望可以触及人类心智中最本质的部分。"庞加莱强调一个数学的证明，并非仅是间接推论法（syllogism）的并列，这些推论是按特定的次序排列的。他将人分为三类：缺乏"觉知隐藏和谐与关系"的感受力和直觉；具有理解应用数学论证但缺乏能力创造；最后一类，即创造者。最后一类人员区别于其他类别之处在于，他们善于运用组合，而且仅仅是有用的组合。这些是通过直觉数学现象间的密切联系得到，进一步发现数学定律。

庞加莱接下来描述了他发现富克斯函数（functions）的过程。他为了论证这个函数存在的不可能性，已经工作了两周，但却毫无成效。之后，"一天晚上，与平时不同，我喝了黑咖啡而睡不着。各种想法层出不穷；我感觉到它们相互碰撞直至成对组合，这么说吧，形成稳定的组合。到了第二天早上，我已经确定存在一类富克斯函数。"心智上的停顿让进一步的研究停滞，所以他将研究计划搁置一旁并决定进行一次短途旅行。就在他登上开往目的地的巴士时，答案出现了。他当时就能确定答案正确无误，仅需要正式的说明即可。后来他着手进一步的研究，似乎与原先的研究不相关。但他失败了。心情烦闷的他决定要到海边待上几天。几乎同时，手头问题的答案突然出现，而且和之前那个研究的解决方案有着相同的基础。庞加莱（1908）毫不迟疑地写道："首先最令人吃惊的是这种启发的突然出现，是长期的、无意识的前期工作的外化。对我来说，无意识在数学发明里所起的作用毋庸置疑，而且在其他较不明显的案例中仍能发现它的蛛丝马迹。"

庞加莱强调发现优异的组合和所产生的美学满足的重要性："令人惊讶的是看到情绪敏感性引发数学论证，而数学论证似乎仅能吸引智能的兴趣。这是忘却了数学的优美与数字的和谐之感，以及几何优雅的形式。这是所有真正的数学家都知道的一种真实的美学感受，并且毫无疑问它属于情绪敏感性。"现在，根据庞加莱的理论，优异的组合、有用的组合会产生数学法则，恰恰就是这种组合可以提供特定类型的美学愉悦感。任何缺乏这种美学敏感性的人将无法成为创造者。如庞加莱所说，数学里的美学感受产生于对其中各元素和谐排列的理解，继而心灵才能接纳全部而不遗漏任何细节。

关于美学愉悦感本质的讨论，我们已经有点超前了，但是通过庞加莱惊人的呈现方式，我们能够辨别无意识在数学创造中的作用。从优异的组合产生出的美学愉悦感使我们脑中浮现满足情境再次出现的画面，这种情境下，举例来说，胎儿和母亲、乳房和嘴巴、阴道和阴茎达成充分的联结。因此，最终这可能被视为回归内容物（contained）和容器（container）完美结合的一种形式（见 Bion，1962）。再次 这次与最抽象的创造有关——我们只需单纯地考量无意识幻想，其根源深植于早期的、原始的精神层面，并且和白日梦无关。

我们现在必须转到自恋在创造中所扮演的角色。如同我已提及的，弗洛伊德的研究似乎在创作过程中给自恋指派了一个相当重要的角色，甚至在他第一次使用这个名词之前。然而，我们的讨论始于他文章中一个不同的主张，这一主张对我们来说似乎可预见他的自我理想（ego ideal）概念的形成："事实上，我们不可能放弃任何事情；我们仅能将某事物和另一事物间做转换。表面上看似已被放弃的事物，事实上已变为代替物或代用品。"弗洛伊德自我理想的概念的形成（1914）紧接在这一发现之后。在1914年对自我理想的概念下了定义，其定义如同原发性自恋满足的替代：它成为这种自恋的继承者，因为"人类在此再一次展示了自己无法放弃曾经享受过的满足。不愿意抛弃他孩童期的自恋满足。他在自己面前所投射出的理想，就是孩童期所失去的自恋的替代物，在孩童期自己就是理想"。

我自己（1973 & 1985）已经强调自我理想在认同（identification）的过程中所扮演的角色的重要性。我的想法如下：

---

从这点开始，将会有一个鸿沟，一个存在于自我和理想之间的裂缝。自我的目标在于缝合裂缝两边，这成为它此后的特征。与失去的自恋满足所归属的第一个客体结合，将成为寻回其原发性自恋的一种方式。也许可以这么假设，幻想中的自恋状态与子宫内婴儿和母亲的结合本质上如出一辙……我相信乱伦的愿望是基于自恋动机：希望能够再次经验自我与非自我融合的时刻……在正常个案中，当孩童自己构成他的理想时，对原发性自恋的怀念推动着个体超越自己而将自恋向前投射至其俄狄浦斯之父身上。然而对原发性自恋的怀念，可能导致……逃避了整个过程。由个体以自我理想的形式向前投射的自恋……与现实原则一致，使个体走向成熟和发展❶。

---

这引导我区分两个路径："短路径，即与母亲的融合会发生于当下和此刻，而没有发展和成长的需要。长路径，引导个体发展至俄狄浦斯期和性蕾期（genitality），因此必须被视为短路径的反面，短路径维持个体固着于前

---

❶ 总结在我的论文《创造力和性倒错》（*Creative and Perversion*）中（1984 & 1985：27-28）。

性蕾期。两条路径定义了自我理想的两种不同的形式。"❶ 在这样的自我理想概念的基础上，伴随其长路径和短路径——后者主要是性倒错者和其他有病态自恋的个体所采取的——我得出结论［在《自我理想》(*The Ego Ideal*)（1973&1984）与《创造力和性倒错》*Creativity and Perversion*（1984&1985）中］，创造的活动或过程有两种形式：一种是整合所有发展阶段和所有遇到过的障碍，通过搜寻事实以获得满足，而另一种是绕过障碍，掩饰缺点并且隐藏了前性蕾期的自我及所有体现它存在的一切。我基本上会将第二种创造力形式归结于性倒错者，尽管之前（1968）我曾经尝试在其他心智组织中研究"虚假"的本质。性倒错者的创造实际上并非全部是虚假的。相反地，有些能够成为剧烈表达他们挣扎于遍及其性行为里（Marcel Proust——见 Segal, 1952）的谎言。同样地，某些性倒错作品仍然是一种典范，供大家了解创造过程中的巧妙手法。然而，弗洛伊德在《创造性作家与白日梦》中描述较多的主要是以供娱乐（diversion）的作品［这个词语源学上的含义——由 *Dictionnaire Quillet*（1957）定义，等同于法语中的"*divertissement*"，意为"偏向一边的活动；欺骗地转向一边"——亦即平常所谓的"消遣、乐趣"（recreation, pleasure）］，而不是指一般所指的伟大文学或作品。

结果是，白日梦的愿望满足构成"对未满足的现实的修正"，并不足以解释创造过程。合乎常情的假设是，一个"真正的"艺术作品是一条通向真理的特殊途径，创作者获得的满足（随后由读者、听众或观众所共享）源于寻求表达与创造作品之间的匹配感，即使两者都能引发焦虑、痛苦甚至恐怖。

死于奥斯维辛集中营的画家菲利克斯·努斯鲍姆（Félix Nussbaum, 1899—1944），向我们提供了寻求表达的情感和所创造出的作品之间匹配的例子：他拿着犹太身份证的自画像描绘出德国占领比利时期间艺术家的心智状态。艾米莉（Emily Bilski)写下：

---

他退到环绕高墙的中庭角落，无法摆脱追捕者。他一手拿着他的身份

---

❶ 总结在我的论文《创造力和性倒错》(*Creative and Perversion*) 中（1984&1985: 27-28）。

证，上面印着"Juif-Jood"（犹太）的红色大字。努斯鲍姆的另一只手提起他的大衣衣领，如同保护自己免于寒冷或一些潜在危险。然而，提高的衣领暴露出可怕黄色的星星，标志着努斯鲍姆遭受的迫害和最终的湮灭。在画布的上方，城墙之外，能看到一栋黄灰色建筑物的上半部分和檐板，天空乌云密布，笼罩恐怖的气氛，树干上挂着砍去的树枝。不吉利的黑鸟盘旋在其上。在建筑物、天空和努斯鲍姆帽子上的萧瑟灰色和橄榄绿，艺术家大衣和星星上的尖刻土色与黄色，都被一小抹苍白蓝天和树上的幽雅白花所缓和。这些脆弱的生命象征显示出努斯鲍姆继续努力逃脱敌人的决心（引自Kampf，1990：100）。

---

这些花事实上可能是光秃秃的树干最后残存的树枝，憔悴地突显在乌黑天空的背景前，见证着它过去的存在，而它本身也标志着最终的湮灭。无论如何，最确定的是这个作品的存在无法归为"未满足的现实的修正"。然而，我们却感受到艺术家在作品中充分得到满足。这是一种戴荆冕的耶稣像（Ecce Homo），在其中创作者被描绘成一个心碎赤裸而注定被屠杀的人。画家所想要表达的与观看者内心所引起的感觉之间的这种匹配❶，可能与庞加莱的优异组合以及拜昂的内容物-容器的联结相类似，唤起发育的所有阶段，回溯到子宫内的状态。这幅画不只是一个历史文件（时间是1943年），同时触及一个关于我们内在的深层事实：我们婴儿期的无助感，当时我们赤裸、被抛弃，被一个充满敌意的世界所迫害。这是一个如同数学定律一般真实的事实。它作为事实吸引着我们，因为它以特定的次序呈现整体的表现形式和不同颜色。

"虚假的"创作也许具有某种迷惑性。毕竟，它提示我们可以藉由魔法重获失去的幸福，而无需克服困难和面对丧失、竞争、阉割和死亡。真的作品很少迷惑人，它甚至可能从一开始就令人不快。其唤起的美学情绪类似于发现事实所产生的情绪，套用法国谚语来说，"真实的事叫人难以启齿"（Toute vérité n'est pas bonne à dire），并非总是适合说出来（或倾听）。于是美学情绪就不是愉悦的奖励或者诱惑的结果（如同在不真实的作品中所

---

❶ "match"这个词在词源上与配对有关。

见），而是在于作品的真正本质。在其中可以发现冲突、焦虑、疼痛和自我或客体的部分破坏，并且成为内在世界❶的重要部分。因而作品成为了创作者及其受众的忠实镜子。这种情况下，美学愉悦源于创作的作品和它再现的精神世界间的完美匹配。在艺术和文学中，视历史时期和相关学派而定，那个精神世界可能多多少少被"涵容"（contained），以这个词的双重意义来说——也就是，它可能或多或少地立刻显露出，或者相反地，仅能透过投注于精神世界的规则和惯例，我们可能短暂地瞥见它。

由此证明，《创造性作家与白日梦》是一篇提出疑问多于给出答案的文章。如在同一年发表的《"文明的"性道德和现代神经症》（"Civilized" Sexual Morality and Modern Nervous Illness），它不仅带着弗洛伊德的前精神分析时期的印记，本质上是落伍的，但也包含未来重要发展的萌芽。

## 参 考 文 献

Bion, W. 1962. *Learning from experience*. London: Heinemann.
Chasseguet-Smirgel, J. 1968. Le rossignol de l'empereur de Chine. In *Pour une psychanalyse de l'art et de la créativité*. Paris: Payot, 1971; 2d. ed., 1988.
———. 1973. *L'idéal du moi*. Paris: Editions Universitaires. 2d ed., 1988. English trans., *The ego ideal*. London: Free Association Books; New York: Norton, 1984.
———. 1985. *Creativity and perversion*. London: Free Association Books; New York: Norton, 1984.
Freud, S. 1897. *Letters to Wilhelm Fliess*. Letter 69. In *S.E.* 1.
———. 1900. *The interpretation of dreams*. *S.E.* 5.
———. 1905. *Three essays on the theory of sexuality*. *S.E.* 7.
———. 1908. Der Dichter und das Phantasieren. *G.W.* 7. London: Imago Publishing. English trans., Creative writers and day-dreaming. *S.E.* 9. French trans. by M.

5. This results from a public discussion among H. Segal, myself, and others in 1987 at the Institut Français, London.

Bonaparte and E. Marty, La création littéraire et le rêve éveillé. In *Essais de psychanalyse appliquée*. Paris: Gallimard, 1936.
———. 1910. *Leonardo da Vinci and a memory of his childhood*. *S.E.* 11.
———. 1911. Psycho-analytic notes on an autobiographical account of a case of paranoia (dementia paranoides). *S.E.* 12.
———. 1914. On narcissism: An introduction. *S.E.* 14.
———. 1915. The unconscious. *S.E.* 14.
———. 1918. From the history of an infantile neurosis. *S.E.* 17.

---

❶ 这是我和西格尔等人于1987年在伦敦弗朗西斯中心公开讨论的结果

Kampf, A. 1990. *Chagall to Kitaj.* London: Lund Humphries in association with Barbican Art Gallery.

Laplanche, J., and Pontalis, J.-B. 1967. *Vocabulaire de la psychanalyse.* Paris: P.U.F. English trans. by Donald Nicholson-Smith, *The language of psycho-analysis.* London: The Hogarth Press, 1983.

Poincaré, H. 1908. Le raisonnement mathématique. In *Science et méthode.* Paris: Flammarion. English trans., The mathematical creation. In *The creative process,* ed. Brewster Ghiselin. Berkeley: New American Library, 1952.

Quillet,. 1957. *Dictionnaire Quillet.* Paris: Flammarion.

Segal, H. 1952. A Psycho-analytic contribution to aesthetics. *Int. J. Psycho-Anal.* 33.

―――. 1957. Notes on symbol formation. *Int. J. Psycho-Anal.* 38.

# 创造性作家和梦-工作-阿尔法

*伊丽莎白·比安凯迪*❶（Elizabeth Tabak de Bianchedi）

要以弗洛伊德的文章做专题讨论是荣幸也是挑战。我们今天要讨论的这篇文章也不例外，除了这篇文章是以演讲的方式发表，比起同时期某些弗洛伊德的理论文章，它相当简短（只有 22 个自然段）并且以一种更为清晰和更有教导的风格来呈现。读此篇文章时，我们不禁惊叹于他某些反思的深度，以及其用于解答疑难问题所提出的假说的丰富程度。

弗洛伊德本篇论文以非常简洁的摘要指出，作家创作小说或故事的主题采用的素材或来源，可以在某些幻想（白日梦）中找到，对成人来说，那取代了孩童时期的游戏活动。弗洛伊德强调游戏如同日间幻想，是愿望的实现［情欲类和（或）进取类］；创造性作家有能力将这些幻想转化为具有或多或少艺术性的作品。阅读或接收这些已转化之幻想的人能够经由它们，享受特定的前期快感，也能更好地认可自己的幻想❷。

将这篇文章命名为《创造性作家和梦-工作-阿尔法》，揭示了我的兴趣和理解的核心点：令我们（人类）可能以创意的方式转化来自内在和外在世界印象的心智功能。

我们已经拥有关于这些功能的重要理论：弗洛伊德学派关于梦的假说（Freud，1900），以及那些在心智机制中让现实原则能够指挥心智过程的必要转变（Freud，1911）；克莱茵学派关于无意识幻想的理论（Isaacs,

---

❶ 伊丽莎白·比安凯迪是布宜诺斯艾利斯心理分析协会的培训和督导分析师。她曾担任研究所所长和科学秘书。她目前是国际精神分析协会执行理事会的副秘书。

❷ 今天我们可以说，读者认同主人公，并通过他，享受成功和不朽。

1943），以及关于从偏执-分裂（paranoid-schizoid）心位转变为抑郁心位的理论，该理论伴随象征和补偿机制并与这些成就相一致地帮助自我发展以及辨别内在与外在现实（Klein，1952）。

身为执业精神分析师，我们也有关于这些过程和其病理的直接证据。做梦和所梦见的梦、幻想和幻想结果（白日梦）、游戏和每一个游戏项目、创造和不同的作品——多多少少是艺术的或美学的——是一连串复杂的心智运作过程和最后产物，包含知觉、情绪和这些不同的最终产物特殊的中间转化物。这些过程可以被干扰，或者根本不存在，就像在自闭症和后自闭状态及某些精神病等个案中观察到的。

在他的文章中，弗洛伊德特别强调这些产物之一：创造性作家这一特定群体的作品，这些作品不属于"伟大"创作，但属于一类有着广大且热切读者群的长篇小说、短篇小说和言情小说❶，包含我们今天称为"畅销"的书籍。

为了回答他的第一个问题——这些作家创作的素材来源是什么？——弗洛伊德回归自己关于其他过程和心智产物的发现和理论——白日梦、孩童的游戏、梦——并将它们成组串联起来，显示它们相互之间的关联、相似性及其差异❷。

---

❶ 既然这个群体很大，那弗洛伊德在文章中提到的迪希特（"*Dichter*"）指的是什么样的文学作家或诗人呢？我相信，正如弗洛伊德本人在第15段中所说的那样。他指的是"不那么狂妄的长篇、短篇小说和言情小说的作家，他们拥有最广泛、最热切的两性读者群"。这一点也反映在同一时期的弗洛伊德其他的文章和书籍中，如《格拉迪瓦》（*Gradiva*）的作者杰森或其他"好书"的作者，这些书是人们喜欢和乐于向他人推荐的，但它们不是最宏伟的或者也没有最重要的创造力。在他的《对阅读和好书问卷调查的贡献》（1907）中，这一问卷调查由雨果·海勒进行（正是在这位编辑的家里弗洛伊德发表了我们正在讨论的讲稿），在那里他（在32位杰出的人中）要说出"十本好书"，弗洛伊德提到了马克·吐温的《草图》（*Sketches*），爱弥尔·左拉的《繁殖》、阿纳托尔·法朗士的《在白石上》、吉卜林的《丛林之书》。

❷ 谈到弗洛伊德发现的方法论，我们可以在这里找到一个新的例子来说明他的思维方式。在《梦的解析》（1900）、《日常生活的精神病理学》（1901）、《性学三论》（1905）中他已经用到了——也就是说，在正常生活（例如，梦、口误、游戏等）和病理变化（症状、性倒错）中找到可观察的事实，然后表明这些现象可以在他的理论假设的情况下解释为正常或偏离的结果。彼得·盖伊（Peter Gay，1988）发现这个方法（例如，文章中我们正在讨论的）正在做杂技式的跳跃，是一种寻找类比或平行的危险运动。其他人（我作为其中之一）认为，它是方法或认识论立场的一部分，可以假设普遍存在的情况（驱力、性欲、无意识等），并给出对应规则，以解释通向正常、病理、和（或）亲切性的道路。

## 白日梦、幻想和创造性作家

通过颠倒弗洛伊德在这个副标题中的术语，我强调这个功能，在我看来，它产生了成为作家、演员、游戏的儿童、做梦的人、理解和分析的精神分析师的可能性。事实上，我认为这是人类的精神功能，是我们大部分心智活动的基础。

首先，我将阐述一些关于幻想的定义和白日梦的活动，以便在它们的实际使用、意义和价值方面给出我的个人意见。

原始标题所使用的词汇，"*das Phantasieren*"意指幻想，这呈现出了一些困难。在英语中，这被翻译为白日梦、做白日梦或幻想；在西班牙语中，在某些文章中译为"el fantaseo"或"el fantasear"，在其他文章里译为"la fantasia"或"el sueño diurno"；在法文中，这种现象使用"fantasme"或"rêverie"。困难的部分原因在于，幻想（fantasy）、幻想（phantasy）和白日梦虽然是日常语言的同义词，但是在弗洛伊德的著作或精神分析的世界里却并非如此。这些现象——尤其是幻想（fantasy）/幻想（phantasy）——在不同的语境中得到了极大的关注、分析和阐释。

在日常的使用中，幻想（fantasy）是可观察的现象，可以通过内省或听到其他人谈起（如在精神分析治疗中经常可见）。它们是虚构的想象，如荧幕记忆、记忆扭曲、家庭浪漫史等，因此它们是健康人和受困扰的人都会有的意识活动❶。

白日梦或幻想（fantasy）共有许多梦的特征：它们是愿望实现，它们部分源于孩童时期的印象，利用稽查制度的某种宽容。但不像做梦之梦，白日梦虽然有着非常生动的想象、经常伴随视觉影像，但它们通常是思考的产物而非幻觉。根据它们形成的机制，弗洛伊德向我们显示白日梦的建构方式很

---

❶ 在文章中，弗洛伊德告诉我们，成年人珍视幻想，将其视为自己最亲密的财产，为此我们通常会感到羞耻——甚至视为罪恶——因而不愿意表现出来。在《歇斯底里幻想及其与双性恋的关系》(*Hysterical Phantasies and Their Relation to Bisexuality*)（1908）中，弗洛伊德对于自恋期的手淫幻想做了一个重要的联系，显示了幻想的唤起与手淫行为之间的关系。

类似于梦，以凝缩（condensation）和置换（displacement），但更强调次级修正（secondary revision）。这一最后过程与做梦之梦相比，给予想象的场景更多的连贯性，以及更强的时间性、因果关系等。

不在这篇文章，而在另外的文章中——同时期的某些文章，如《歇斯底里幻想及其与双性恋的关系》（1908）——弗洛伊德告诉我们白日梦或幻想（fantasy）并非总是有意识的，或曾经是有意识的，但不再如此。当白日梦突然被打断或当其内容太过强烈和（或）危险，情况就是如此——举例而言，如果这些幻想之一产生太强烈的性兴奋和（或）罪恶感。果真如此，那么焦虑信号会给予指令将其潜抑或压抑。但弗洛伊德（Freud, 1900）也认为我们有时仅拥有无意识白日梦，因为它们的内容和起源经常是潜抑的材料。这些无意识幻想可以产生梦，如同产生神经症症状，我们身为精神分析师，可以通过自由联想和诠释来接近它们。

"无意识幻想"的概念为我们的讨论打开了一个很大的领域。正如我们已经知道的，"幻想"这个词在精神分析领域的不同层次中有着广泛的应用。拉普朗什和彭塔利斯在《精神分析》（*Vocabulaire de la psychoanalyse*）（1967）中提到了这个术语，阐明了其不同的使用模式、局部的差异、结构、与欲望的密切关系、内容、语法和各种转换形式。

因此，在弗洛伊德的作品中，我们了解到幻想通过潜抑进入无意识，也是通过潜抑幻想从未进入过意识。然后我们也有原初的或普遍的幻想（*Urphantasien*）（Freud, 1918），这是系统发生学式的传播，也是无意识的；但这些都不像是原初的精神活动，既然它们是遗传而来的物质，那么在未来有可能产生意识幻想或特定的行为。

梅兰妮·克莱茵、苏珊·艾萨克斯和汉娜·西格尔（在其他人之中）也给予这个概念极大的关注，特别将克莱茵学派特殊的无意识幻想概念（1943）引入精神分析理论。无意识幻想（*phantasy*）（拼音是"ph"，与"fantasy"作区分）被认为是驱力的原始心理表达。作为无意识心理过程的主要内容，这是一个接近弗洛伊德直觉表象的概念（Freud, 1915）。对于克莱茵学派的分析家来说，无意识幻想是一种原始的驱力和防御的统一，它是所有精神现象的基础。

现在，如果我们接受无意识幻想是驱力的心理表达，那么我们也必须承认，从生命的开始就产生了（原初的）无意识幻想。如果我们也接受——正如克莱茵学派所想——自我从出生之始就存在，结合弗洛伊德驱力寻找客体的理念，可让我们推断出第一个无意识幻想将是包含一段客体关系表征的结构❶。

这些假说以一种更戏剧性的方式，拓展了理解和诠释梦境、幻想、孩童的游戏、移情、艺术作品等的可能性，因为（克莱茵学派）无意识幻想是构成这些过程和产物的基础❷。

小结：对弗洛伊德来说，幻想（白日梦）是创造性作家创造力的源泉，但驱力（情欲的和进取的）是幻想的源泉。对于克莱茵学派来说，无意识幻想产生了白日梦，它本身就是驱力和防御的主要表现。

然而，梅兰妮·克莱茵和她的同事并没有形成关于隐含在这些过程中的心智功能的特定元心理学假说。他们接受（作为前提）弗洛伊德学派关于记忆痕迹、幻觉、思维过程、记忆等的理论，显然其中包括关于早期客体关系的新概念、符号的形成以及在这些过程中产生的焦虑。

## 思考和幻想

在 20 世纪 50 年代，在《关于某些精神分裂机制的说明》（Klein, 1946）出版后，一群克莱茵学派的分析师开始从事精神病患者的精神分析治疗，这种情况现在得到克莱茵学派关于精神分裂机制理论的"许可"。这群人之中，有位名叫拜昂（W. R. Bion）的人，他曾经是一名精神科医生，也在小组中工作，他决心对一些病理严重的病人进行精神分析。他在这些案例

---

❶ 这些原始的客体关系是与部分客体建立的，包括解剖学的部分（母亲的乳房）和情感的部分（部分好的/被爱的客体和部分坏的/被讨厌的客体）。

❷ 我用"*drama*"一词的多重含义来表达，一出戏剧包含着人物、戏剧情感、精神痛苦。在几年前所做的基于克莱茵元心理学（de Bianchedi, 1983）的扩展分析中，我们提出了许多有利于理解克莱茵理论的元心理学观点。其中之一正是戏剧性的观点可以用来理解无意识幻想假说的一个方面及其特征。

中所观察到的——特别是呈现出的思想上的扭曲——促使他形成了个人的思维理论,包含病理的也包含正常的。在这一理论中,有一种假设,即为了让人类婴儿发展思考的能力,他需要一个特殊的功能将他的感知和情绪转化为数据以供储存和后续使用,这就构成了他无意识觉醒的思考。

在这点上,很重要的是回顾拜昂作品(1962a)中对"思考"(thought)的定义,其中之一即是"有待解决的问题",一个由先入之见与负面理解(挫折)配对而生的问题。他相信假设想法(问题)存在于思考问题的可能性之前是有效的。逃避挫折会引发幻觉,而修正、忍受挫折则会引发思考。弗洛伊德说过,痛苦的生活经历使婴儿放弃了实现幻想愿望的倾向,开始踏上在现实原则支配下精神结构发育的过程。拜昂相信这一点,但采用了不同的理论来诠释。

对拜昂来说,如果"思考之思考"(think the thought)就是解决问题,那么为了这么做,容忍或修正隐含的挫折是绝对必要的。逃避挫折导致幻觉的产生——拜昂将此视为躲避由感官产生的刺激过程。

通过真实的投射性认同机制,拜昂认为,早期的逃避倾向得以实现(缓解受增强刺激的结构)。该机制的具体模式包括投射内容受体的真实体验。拜昂认为这种形式的投射性认同(projective identification)是人类最早期的一种社交方式,显然是前语言的。

拜昂用"Reverie"(1962b)指代母亲接收、涵容和转化的功能,她认为这是婴儿无法自己"消化"的情感。在英语中,遐想(reverie)意味着白日梦、沉思、幻想、幻觉、狂喜、魅力。在法语中,它的意思是白日梦、意识幻想。显然,它的意义之中包含幻想。(足够好的)母亲幻想、想象、转化任何其孩子传递给自己的东西——焦虑、饥饿、对死亡的恐惧——并将其变成了个人想象的经验。

母亲的遐想,正是拜昂给母亲的自然潜能赋予的名称,母亲接收并涵容婴儿真实的投射性认同,即接收并涵容婴儿尚未思考或未能思考的精神内容。然而,这些都是可以逃离和已经逃离的。拜昂将这些内容称为"贝塔元素",通过母亲的涵容和转化,之后重新内射使婴儿能够容忍。容器与内容物关系间的转化（容器是母亲的心智，内容物是婴儿的投射）由一个功能（这里指母亲的）完成，拜昂称之为"阿尔法功能"。

如我已经说的，遐想这个词在英文中的意思是沉思和白日梦，也是错觉，并且和幻想有密切关系。它与贝塔元素、阿尔法元素，以及阿尔法功能等不同，这些概念并无先前的含义或联想的阴影，而遐想涵盖了所有这些联想。可正是基于此原因，母亲的遐想这一概念由拜昂引入精神分析理论，在精神分析世界得到了广泛传播，并且用于探索和阐释母婴接触时母亲心智和情绪功能的基本情况。

拜昂的思考理论延续了这个假设，即婴儿将容器-内容物的关系内射为自己阿尔法功能的一个因子，拥有这个功能，他能够涵容和转化自己的感知和感觉，生成阿尔法元素。这些将成为他无意识觉醒的思考、做梦、编织个人私密的神话与白日梦的基础和素材。

因此，精神结构的产生依赖阿尔法功能的内射，在某种程度上等同于与弗洛伊德所说的，当现实原则能掌控精神活动的时候，一个人就存在了。在《从经验中学习》（*Learning from Experience*，1962b）中，拜昂称这种结构（"非精神病性人格"）为"梦"（用引号标记）；它还包括了思考、做梦、潜抑以及形成幻想的潜力。如果婴儿的涵容与母亲的心智互动失败——那就是另一种结构"人格的精神病性部分"，人无法做梦、幻想、建模或思考。

## 梦-工作-阿尔法

在 1992 年，拜昂的寡妻弗朗西丝卡（Francesca），以《思考》（*Cogitations*）为名发表拜昂在 1958 年 2 月到 1979 年 4 月期间的个人笔记，这些笔记显然是拜昂认为值得保留的，"因为在快乐的撕纸期间，它们逃脱了被扔到废纸篓的命运"（1992，前言，第Ⅶ页）。这些"思辨"——这是他为记录在纸上的想法及他偶然的反思所取的名字——包含许多丰富的想法，其中一些与后来他在发表的文章中称为"阿尔法"的功能有关，但在这些文章中，他一开始称呼它为"梦-工作-阿尔法"。而这个名字（或许也是因为联想的阴影与著名的弗洛伊德关于梦的理论有关）提供了一个机会来使我们加深对其特性的理解，并更好地应用它。

拜昂对弗洛伊德的评论：

---

精神分析学家，尤其是弗洛伊德，已经描述了做梦者是如何压缩❶、扭曲、置换、伪装各种思考，使得梦显现出的内容与他所称的梦的"潜在内容"没有什么明显的相似之处，也就是通过释梦所揭示的内容。弗洛伊德说，梦-思想转化为显性内容的过程，是由梦的工作完成的。我现在想用这个术语来描述与此相关但不尽相同的一系列现象。为了避免与心理分析中使用的概念混淆，以及避免创造一个新的术语来介绍……我更倾向于排除各种隐含之意，为了达成目标，我提议将弗洛伊德的术语修订为"梦-工作-阿尔法"（1992，对1960年的评论）。

---

拜昂接着继续为我们提供了一些描述和评论，与他相信当在精神上同化感官印象时我们的心智是如何运作的有关："任何事件的印象……被重新塑型为视觉影像……并且由此形成一种适合储存于我们心智的形式。"他称这个功能为梦-工作-阿尔法，而它的产物为阿尔法元素。这些是有能力做梦并能使用梦中的思考之根本，并且在现实原则的统治下所有的精神功能才会出现。

拜昂认为，在人类梦-工作-阿尔法是不间断的，不仅仅在梦的形成过程中才发生，正如弗洛伊德向我们展示的那样。他认为（Bion, 1992）将知觉的、感官的、情感化的印象转化为视觉形象是心理同化过程中自然、基本的部分。这种经验模式的转变使其成为一种足够储存和将来在心智中足以使用的形式。

此外，他还说："阿尔法元素可假定为精神的和个体的、主观的、高度个人化的、特殊的，在一个特定个体中明确属于认识论的范畴。"（Bion, 1992: 181）——并且我要补充的是，对同一个体而言，它也属于美学的（或诗歌学的）范畴。

---

❶ "Verdichtung"是一个关于这部分梦想工作的德语词汇。有趣的是，这个词包含了术语"Dichtung"，这在德语中既意味着诗歌，又意味着使事物变得稠密、浓缩。

在此，我们接近了弗洛伊德文章的主题。意识幻想而不是白日梦可以作为这个功能活动的一个（可观察的）证据吗？

创造性作家使用某些特定的个人化的白日梦，毫无疑问他们还会使用梦-工作-阿尔法的产物（但在某方面来说，也是"普遍的"幻想），目的是将其转化为"故事"来吸引和打动我们（未必以过于美学的或修正的方式），最终归于我们个人和"普遍的"幻想或白日梦。

如果是这样，那么我们就有了比驱力（弗洛伊德）或无意识幻想（克莱茵）更能将做梦、幻想、玩耍、创造的精神活动，还有在精神分析治疗中的诠释（建模），以及群体创造神话的能力重新结合的理论。

谈到神话，拜昂怀疑（1992年，对1960年的评论）"创造神话"是否是阿尔法的基本功能之一。他考虑到，感官印象必须通过转化使其成为梦想思考的适宜素材，但梦想思考的功能是利用阿尔法（梦思考的单位）处理的素材来产生神话。

我们能否将创造性作家（弗洛伊德用来举例说明他的假设）和"神话创造者"之间联系起来？弗洛伊德在我们讨论的文章中提到了这一点，将神话定义为"对整个族群的愿望幻想的扭曲痕迹，是早期人类的永久梦想"（Freud，1907：152）。他分析的故事、游戏、幻想难道不能被称作神话吗？也许可以称为私人神话。

公众神话［团体的白日梦，奥克塔维奥·帕斯（Octavio Paz，1979）称之为"我们命运的象形文字"］与私人神话不同，因为它们在时间上更持久，传播了数千年，而且是灵感和理解的重要来源，尽管永久需要重新解读。

因此，当把这些现象置于《精神分析的元素》（*Elements of Psychoanalysis*）（1963）的系统中的同时，拜昂将梦、无意识觉醒的思考与神话放在同一个系统中（网格的C行），这不足为奇。

综上所述，从接受的角度来看，在同一个小组中，我们有分析师的接受能力、波拉斯（Bollas）的"反移情的梦"、母亲的遐想，以及小说读者的接受能力。而这个功能（梦想-工作-阿尔法），这种对每一个体的个人和永久的幻想，赋予了我们存在和理解创造力的可能性。

## 参 考 文 献

Bianchedi, E. T. de, et al. 1983. Beyond Freudian metapsychology: The metapsychological points of view of the Kleinian School. *Int. J. Psycho-Anal.* 65:389.

Bion, W. R. 1962a. A theory of thinking. In *Second thoughts*. London: Heinemann, 1967.

——. 1962b. *Learning from experience*. London: Heinemann.

——. 1963. *Elements of psychoanalysis*. London: Heinemann.

——. 1992. *Cogitations*. London: Karnac.

Bollas, C. 1993. Lecture given to Psychoanalytical Association of Buenos Aires.

Freud, S. 1900. *The interpretation of dreams*. *S.E.* 5.

——. 1901. *The psychopathology of everyday life*. *S.E.* 6.

——. 1905. *Three essays on the theory of sexuality*. *S.E.* 7.

——. 1906. Contribution to a questionnaire on reading. *S.E.* 9.

——. 1907. Creative writers and day-dreaming. *S.E.* 9.

——. 1908. Hysterical phantasies and their relation to bisexuality. *S.E.* 9.

——. 1909. Family romances. *S.E.* 9.

——. 1911. Formulation of the two principles of mental functioning. *S.E.* 12.

——. 1918. From the history of an infantile neurosis. *S.E.* 17.

Gay, P. 1988. *Freud: Una vida de nuestro tiempo*. Buenos Aires, Barcelona, Méjico: Paidós, 1989.

Grinberg, L., Sor, D., and Tabak de Bianchedi, E. 1991. *Introduction to the work of Bion*. Northvale, N. J., and London: Aronson, 1993.

Isaacs, S. 1943. The nature and function of phantasy. In *Developments in Psychoanalysis*, ed. J. Riviere. London: Hogarth, 1952.

Klein, M. 1946. Notes of some schizoid mechanisms. In *Developments in Psychoanalysis*. London: Hogarth, 1952.

——. 1952. The emotional life of the infant. In *Developments in Psycho-analysis*. London: Hogarth.

Paz, Octavio. 1979. *Mediaciones*. Barcelona: Siex Barral.

Segal, H. 1964. Phantasy. In *Introduction to the work of Melanie Klein*. London: Heinemann.

——. 1991. *Dream, phantasy and art*. London: Routledge.

# 幻想与超越——以当代发育学的视角看待弗洛伊德的《创造性作家与白日梦》

罗伯特·N. 埃姆德（Robert N. Emde）

## 大纲

弗洛伊德在1908年所选的文本和该文所使用的发展方法

作为适应的游戏

 游戏的发育起源

 伪装的发育起源

 当代研究视野：游戏与伪装的发育过程

展示与讲述：早期游戏是分享和程序性过程

 鲨鱼会来：一个孩子对动态序列的程序性知识

 当前的研究视野：游戏与创造性写作的发展性联系

幻想和超越

 幻想的复议

 幻想的未来方向

创造力是贯穿于整个人生的适应

本文得到国家心理健康研究中心项目（编号：MH22803）和科学研究者奖 5KO2MH36808 资助。

从一个发育系统的视角看待创造力

生物和文化对创造力的影响

通过作家的作品分享创造力

后记：幽默和悖论激发精神分析的思考

在文学、戏剧和精神分析中都是"如果"的世界

在科学头脑风暴中"如果"的世界

摘要和结论

此文写作的目的在于把握弗洛伊德1908年的贡献提供给当代阅读的特殊机会。这个机会就是从20世纪末发展科学的观点来更新针对弗洛伊德的见解。这一观点将会揭示令人耳目一新的、有趣的见解，以激励精神分析理论的扩展。这也表明了基于当前的知识水平弗洛伊德的一些领悟指向许多未解的难题和研究的前沿。

## 弗洛伊德1908年文章节选和这篇论文所应用的发育学方法

通过目前的阅读，我把弗洛伊德作品的主题统一为一个发展的主题。根据弗洛伊德的理论，游戏和伪装有很多值得学习的地方，它们在儿童早期和发育过程中的作用都很突出。在儿童早期之后，由于受到抑制和重定向文化的影响，游戏和伪装变得不那么重要了。这些影响往往与性别有关，并受到羞愧的影响。然而，游戏的倾向依然存在，不仅在以后的童年，而且在整个成年时期，游戏"被幻想和白日梦所取代"。弗洛伊德关于幻想的讨论成为他关注的核心。幻想源于未满足的愿望和个人试图纠正体验到的不满意的现实。幻想（和白日梦）的时间特征让弗洛伊德着迷。幻想被认为是根据过去的经验（通常是婴儿的），以及以愿望实现为理想模式的未来体验来组织当前的印象❶。晚上的梦是愿望实现的表达，和白日梦很像，但因为潜抑，晚

---

❶ "组织"（To organize）是我的说法，而不是弗洛伊德的原话，我刻意选择这一说法的理由很快不言自明。

上的梦包含了更多的扭曲。

然后,弗洛伊德开始讨论创造性写作。"创造性写作,就像白日做梦一样,是儿童时代曾经做过的游戏的延续,也是一种替代。"弗洛伊德再次暗示了幻想的组织角色,因其为创造性写作提供了一个模式,在这一模式下创造性写作通常包含"三段时间和贯穿它们的愿望"(三段时间是指与这些经验相关的过去、现在和未来)。我们从阅读创造性作家的作品中得知了他们所想要分享的。从作品中我们获得分享的乐趣,这比我们自己做白日梦获得的还要多。将愿望巧妙伪装可以给人以美学的愉悦,而"激励快感"(incentive pleasure)类似于性活动中的前戏,使"我们心智中的紧张得以缓解";同时,在这种创造性的分享中,愿望的享受得以实现,这是因为我们时常在幻想中感受羞耻或自我谴责,而不必被迫经历羞耻或自我谴责。

在此,指出我在本文中使用的一些方法显得很有价值。我选择和使用弗洛伊德的文本有意体现功能主义,将他的领悟纳入当今发育学的范畴,目的在于激发我们的思考。因此,我们的讨论将是建设性的、掷地有声的。历史背景有时会帮助我们从他所处的时间和地点来理解弗洛伊德的边界局限性。有时,我们可能会面临重新构造的需要,之后才能利用弗洛伊德1908年的文本。对此我们并不应该感到惊讶,因为从那以后的岁月里积累了相当多的发育和临床知识。

在我们的讨论即将开始之时,进行一次重要的重构尤为必要,这涉及我们今天所说的"发育学的方法"。现代生物学被认为是以组织复杂性为特征的生物学,相应地,现代发育生物学的特点也是日益复杂的组织性。弗洛伊德,在20世纪初写作时,所沉浸的时代思潮并不包含这种发展结构。当他越来越关注病人的意义模式时(实际上,他描述了这种意义的复杂性),时代给予他的指导使得他对人类行为的特殊观点受到热力学第二定律和熵的限制。根据这些定律,所有的物质,包括生命,都趋向于更低的复杂程度和功能混乱。弗洛伊德的观点常常与今天的生物科学中隐含的流程相呼应——即用化学和物理定律以还原论的观点来解释行为。我们当代的科学观点则完全不同,现在越来越强调组织复杂性。发展是向上的,而不是向下的,因此可以从负熵的角度来理解。此外,贯穿整个发育过程,在个体与环境之间的共同作用发生在日益增加、各有不同的组织复杂性上（见 Gottlieb, 1992; Hinde, 1992）。

在其他地方，我认为弗洛伊德对发展序列的描述可以转化为今天的发育学系统的术语，丰富了意义的维度（Emde, 1980a）。因此，弗洛伊德此文发表几年之前提出的关于性心理发展阶段的经典论述（Freud, 1905）可以看作发育系统视角的先驱。弗洛伊德的发育阶段理论可以看作有组织复杂性的连续层次，伴随着"性蕾期一系列转变"，紧接着引入了更早的口欲期、肛欲期和生殖器期的分级组织层次的重组。在此，我将使用发育学系统方法，包括组织复杂性，更好地运用弗洛伊德的洞见。我将更新弗洛伊德对儿童游戏作为适应的理解，然后回顾今天对伪装及孩子的"表演和讲述"的广义理解。然后，我们将讨论历史上一个真正意义非凡的转折点，现如今，对弗洛伊德 1908 年核心洞见之一即幻想的理解到了何种程度，其实尚停留在研究领域。接下来，我们还将讨论在整个生命周期中关于玩乐和创造力的观点。在结语中，我将总结一些由弗洛伊德的文章所激发的有趣的观点。这些观点将愉悦感本身视为精神分析领域创造性思考的一种奖赏。

## 作为适应的游戏

今天更新弗洛伊德观点的发展框架将会引出一系列当代的科学主题。第一个主题是关于游戏和伪装的广义适应性的观点，包括这些现象的心理起源。

### 游戏的发育起源

在他 1908 年的文章中，弗洛伊德认可了孩子游戏的严肃性，而且我们现在可以说，他也含蓄地认可了这对孩子的适应意义。任何对这一思维方式的更新，都必须始于弗洛伊德后来在《超越快乐原则》（Freud, 1920）中的孩子游戏理论。弗洛伊德在后来的文章中扩展了他的见解，这建立在对他一岁半的孙子的观察基础上。孩子重复的独角戏作为理论的模型，它涉及一个线轴的消失和重现（伴随着孩子语言能力的出现，弗洛伊德的解释为

"fort…da")。游戏被看作是一种积极的重复,孩子与母亲分离产生了无助的体验,游戏通过给孩子引入一个包含放松和快乐的回归程序,给孩子带来了掌控感。

弗洛伊德关于早期童年游戏的掌控模型,包括对母亲的分离和回归的象征性元素——在她不在场的情况下,对无助感的积极掌握——对游戏的某些方面非常适用(见 Emde,1992a)。某些早期理论家通过广泛讨论掌控和愉悦的功能,为童年游戏的广义理论提供了基础(Buhler,1918;Hendrick,1943)。后来罗伯特·怀特(Robert White,1963)进一步推进了理论的发展,他在一篇开创性的专著中进一步扩展了弗洛伊德的关于游戏的掌控理论,并进一步提出了更广泛的动机类别——他称之为"有效动机"(effectance motivation)。怀特的理论被亚罗(Yarrow)和他的同事(1983)修改为"掌控动机"(mastery motivation),由此也产生了一项关于幼儿和学龄前儿童发育的实证研究项目(参见 Morgan & Harmon,1984)。

以一种更广泛的激励方式来思考游戏,在许多发育学科中进行了大量的研究。对各种哺乳动物的动物行为观察指出早期发展中游戏和探索的重要性,以及其对学习的自适应重要性和内在的动机特性。琼·皮亚杰对儿童的观察诱导产生了他的认知同化理论(cognitive assimilation),在这个理论中,"同化"指的是发育中的孩子的心理过程,这似乎与营养代谢过程类似。皮亚杰指出,孩子从最初就表现出寻找新颖事物的倾向,目的是使之变得熟悉。有趣的是,皮亚杰指出,积极的影响(即婴儿的微笑)往往来自认知的同化,或是对差异感的处理,这种差异感是由于孩子对不熟悉事物的反应,目的是让不熟悉之物变得熟悉起来(Piaget,1952;也可参见 Kagan,Kearsley & Zelazo 的研究,1978)。根据皮亚杰的观点,儿童早期游戏反映了认知同化的发展(Piaget,1962)。

弗洛伊德在他 1920 年的论文中也指出了游戏发育起源的另一个方面。"躲猫猫"被认为是一款具有特别重要功能的婴儿期游戏。根据弗洛伊德的说法,母亲鼓励婴儿意识到她在消失后又回归,"通过玩一种熟悉的游戏,用手遮住她的脸,然后,令人高兴的是,再移开手"(Freud,1920:169-70)。我们现在知道,游戏是一种分享的体验,而不是一种单独的活动。早期的游戏涉及照顾者和其他人的虚构意义,就像它所表达的或从孩子身上产生的一样(Slade & Wolf,1994)。弗洛伊德通过对躲猫猫的观察,将游戏描述为一种分享的经历,因此他可以被看作如今的发育理论在早期儿童时期的"母性框架"概念化的一个历史先驱。在这个概念中,父母的支持和分享的意义并不仅仅是语言的或认知的(Bruner,1983;Kaye,1982;Vygotsky,1978 & 1986),也是情感的(Biringen & Robinson,1991)。

研究继续记录了游戏在最初照顾者与孩童关系的嵌入性,这两个方面的掌控感均与照顾者的回归有关,也与重复经验中所分享的有关。对勒内·斯皮茨(Rene Spitz)的观察拓展了弗洛伊德对母婴的解读。斯皮茨认可躲猫猫理论是一种掌控游戏,目的在于克服看不到母亲的痛苦经验,而且补充这一游戏包含了预期的正向情绪,而不仅仅是解除紧张感(Spitz,1965;亦参见Emde, Gaensbauer & Harmon,1976;Sroufe,1979)。其他的游戏,比如"给予和接受"玩具和有节奏的歌唱动作,经过分析的确涉及幼儿在与照顾者分享经历过程中对各种变化的掌控。最近的研究指向这种游戏中的合作伙伴之间的互惠性的变化,以及对孩童而言,适应什么情绪被分享及什么被期待的重要性(Kaye,1982;Stern,1985;Tronick & Gianino,1986)。对于游戏里什么是分享的、什么是被期待的,以及什么是变化的这些问题,引入了创造力的话题——弗洛伊德的主题,我们将在后面再谈❶。

伪装的发育起源

根据弗洛伊德1908年的观察,孩子把游戏和现实区分得很好。换句话说,孩子知道什么是伪装,什么不是。这是弗洛伊德了不起的结论之一,而后来从事精神分析和发育学的临床医生并不这么认为;事实上,许多人或大多数人开始相信,孩子,尤其是在挫折和压力的环境下,会被幻

---

❶ 鲍尔比(Bowlby)的依恋理论及其安全基础的概念假设幼儿游戏性探索与母子关系质量之间存在直接关系。因这一理论才有了当今的依恋研究,由安斯沃思和她的学生(Ainsworth, Blehar, Waters & Wall,1978)发起,其研究以观察早期儿童分离和团聚为核心。然而,依恋研究却不太重视对游戏的观察。

想所淹没，因此无法区分真实发生的事情和所想象的事情。弗洛伊德在1908年的对大脑伪装的陈述可能受到特定的语境限制，但是考虑到其提出童年引诱（childhood seduction）这一著名理论的历史背景，他的观点仍然是非常有意义的。众所周知，弗洛伊德在20世纪初，通常将成人报告的童年引诱解读为产生于童年幻想而不是现实；这种幻想被认为是孩子恋母情结（俄狄浦斯情结）的一部分。弗洛伊德广为人知的观点无疑对这样的事实作出了重要贡献：数十年来，临床工作者持续低估儿童对童年引诱和虐待（Zigler & Hall, 1989）的报告。直到最近，对儿童受虐的报告仍被视为不可信；相反，我们所有人太习惯于认为他们是不得不把幻想和现实混为一谈。

发育心理学科学最近才发现，小孩子能够区分伪装和现实之间的差异。但是这样的表现，以及学龄前儿童经常利用这种差异，现在看来是无可争议的。并在不同的背景中和从不同的学科视角进行各种观察。从认知取向的角度控制实验观察（Flavell, Green & Flavell, 1986; Harris, Brown, Marriott, Whittall & Harmer, 1991; Harris & Kavanaugh, 1993; Woolley & Wellman, 1990），通过对学龄前儿童主动使用心理语言学视角（Wolf, Rygh & Altshuler, 1984）的自然观察法，以及从社会角度对兄弟姐妹进行家庭观察（Dunn & Kendrick, 1982）作为补充。

在不同的文化和社会环境中，人们注意到最早的伪装形式出现在同一时代。早期的伪装姿势（例如假装吃或睡）在第二年的早期就出现了，继而出现其他（在15～21月龄之间出现的）被记载的举动（例如喂洋娃娃喝东西）（Fein & Apfel, 1979; Fenson, Kagan, Kearsley & Zelazo, 1976; Inhelder, Lezine, Sinclair & Stambak, 1972; Watson & Fischer, 1977; Rubin, Fein & Vandenberg, 1983）。

近期我们的研究观察显示了早期伪装的复杂性以及在非常小的月龄就具有了辨别伪装和现实的能力。丽贝卡（Rebecca）在语言发育方面取得进步，在她8个月大的时候我就在家里见到了她。她坐在母亲对面的一张桌子旁，受测试员（T）指导参与到一组越来越复杂的任务中，这些任务旨在评估她对个人专业名词的理解和"自我为媒介"的发育（Pipp, Fischer &

Jennings，1987）。然而，令人高兴的是，从我们目前的角度来看，这些任务也包括了伪装。T 首先展示了一组动作（比如从洋娃娃的瓶子里喝水），然后让孩子自己表演动作。接下来，要求孩子和她妈妈一起做动作（例如，"现在给妈妈喝一杯水"）。

对于每一项任务，丽贝卡在演示阶段通常表现出认真的专注表现，然后在随后的微笑中表现出对新游戏的认可。她用重复和变化的方式征服了我们整个研究团队，通过研究测试录像，研究人员发现丽贝卡并没有参与简单的模仿，而是主动和愉快地进行伪装。当她第一次拿起一个装着饮料的杯子时，丽贝卡拿起杯子，看了看里面，说："都没了。"然后，她把杯子举到嘴边，抿了一口，笑了起来。然后，她把空杯子递给母亲，递到母亲的嘴唇前，放声大笑。当 T 提出一个"你妈妈还渴，现在给她一杯"的请求时，丽贝卡又把杯子放在她自己的嘴唇前，笑了起来，然后又笑着把杯子递到妈妈的嘴唇前。

接下来，我们向丽贝卡演示了其中最复杂的任务。T 假装把意大利面从杯子里倒到盘子里，然后假装用汤匙搅动意大利面，然后再吃。再然后，T 说："你饿了吗？你想给自己倒点意大利面吃吗？"在丽贝卡的伪装活动中出现了一些显著的变化。她在杯子里搅拌意大利面，慢慢地把它倒在盘子里，然后搅拌。她往空杯子里看了好几次，好像要确定她把所有的意大利面都弄出来了。最后，她在盘子里搅拌了想象中的意大利面。她一边笑一边把意大利面递给她母亲。有趣的是，她的妈妈把空杯子递给她，指着丽贝卡说："你试试。"接着，丽贝卡又吃了一口想象中的意大利面。令人吃惊的是，母亲完全满足于鼓励孩子使用伪装，并且似乎对她区分伪装和现实的能力有信心。毕竟，母亲曾说过："你尝一点吧"，但杯子里"一点"都没有了。

精神分析学家回忆起丽贝卡和弗洛伊德的孙子在"fort…da"游戏时处于相同的年纪。现在将孩子第二年快结束时视为心理逻辑发育的一个重要分水岭。发育学的科学家们已经证明这是出现自我觉察映射的阶段（Amsterdam，1972；Lewis & Brooks-Gunn，1979；Schulman & Kaplovitz，1977）。一个孩子在这个年龄之后，可以通过照镜子来识别面部的变化，但在此之前则不能❶。共情（empathy）出现了，正如孩子表现出的关心和帮助或抚慰其他表达疼痛的人的倾向所示（Zahn-Waxler, Radke-Yarrow, Wagner & Chapman, 1992; Zahn-Waxler, Robinson & Emde, 1992）。出生后第二年结束时孩子开始学习说话，他们不仅仅用语言指代人或物，并开始提出命题（即有主语和谓语的陈述句）。换句话说，在这个年龄，他们第一次与重要他者用语言沟通关于经验世界的信息。需要进行进一步的研究，以确定大多数孩子是否同时取得这些进步，以及在伪装的发育和其他部分的发育之间是否存在必要的偶然性。

如上所述，在不同的文化背景下，伪装的发育出现在相同的年龄。因此，伪装是一种"强大的发育功能"（它在人类物种中具有进化性的重要作用）吗？而且遗传学的程序在各种环境下都能出现吗？如果是这样的话，伪装的缺失是否预示着严重的适应后果？我们需要进行纵向研究以回答这些问题和另一个核心的关于弗洛伊德论文主题的问题：早期伪装的数量变化——与可能的世界有关的经验——与之后生活的创造力的变异是否有关？这个问题使我们对游戏和伪装的发展过程有了进一步的思考。

### 当前研究的视野：游戏和伪装的发育过程

辛格（Singer & Singer, 1990）在最近的一份发育研究的文章中指出，3～6岁是孩童最具有想象力进行游戏和伪装活动的特殊时期（至少在其美国样本中是这样的）；他们把这段时期称为"孩童游戏的旺季"。之后，充满想象力的游戏就减少了。因此，弗洛伊德对儿童游戏发育减缓（及其假设存在的抑制）的观察得到了证实。这样的发现并不令人意外。通常的观察表明，儿童的游戏随着年龄、时间和文化的不同而减少。这些活动减少的影响因素一直是一个值得思考的问题。这些因素包括心理动力学的影响和成熟的认知影响（S. White, 1965）以及与家庭有关的社会化影响及向学校的过渡，包括教师和同伴的影响，使孩子的游戏活动重新定向（Minuchin & Shapiro, 1983; Sameroff & Haith, 在准备中）。尽管如此，我们对发育过

---

❶ 值得注意的是，弗洛伊德提供了类似的观察，他记录了他的孙子在同一年龄时对自己镜中形象的察觉和识别（Freud, 1920; 亦可参见 Emde 的讨论, 1983）。

程中哪些因素产生了抑制、哪些通路重新建立以及哪些因素起促进作用，知之甚少。系统研究非常有必要，而且有迹象表明，这类研究可能很快就会出现；事实上，新的研究兴趣点似乎关注到孩子的想象（Harris，1989）以及孩子对可能的世界的理解和感受（Bruner，1986）。

贯穿发育过程中的运用伪装与游戏的个体差异，也是我们当前的研究领域之一。弗洛伊德1908年的论文没有探究个体差异，而是侧重于游戏和创造力的一般方面。然而，临床医生关注发育的变异，而不是一般发展。这些领域的个体差异是否与成人人格的其他方面或精神病理学有关？我们回顾了游戏和伪装的适应性观点如何延伸以至于超越了早期弗洛伊德学派驱力释放观点。现在根据我们的扩展观点，需要探究儿童早期创伤和剥夺的影响。这类环境对游戏和想象的发育过程产生了什么影响？对伪装和现实之间的差异有什么影响？游戏和伪装的能力能否作为保护因素以缓冲应急和精神病理学的影响？这些都还需要仔细研究。

## 展示与讲述：早期游戏是分享和程序性过程

弗洛伊德对孩童游戏的描述中隐含着这样一种原则，即在游戏中孩童向我们展示游戏的意义，但却甚至不告诉我们那是什么。在学前教育和幼儿园的课堂上，"展示和讲述"（show-and-tell）练习通常被用来让孩子们交流他们的经验，特别是在周末或假期之后。通过展示和讲述的交流也是游戏治疗和儿童分析的中心。年幼的孩子们通过他们的行为（例如，用玩耍的项目）和语言交流，讲述他们的经历。孩子展示和讲述的两个特点为我们的科学发展引入了更多的主题。第一个是分享的意义（即孩子所展示的和分享的），第二个是无意识的程序性活动（即孩子所展示的而不能够讲出来的内容）。

展示和讲述的游戏故事是与观众分享的。在某种程度上，这种叙事（narrative）是与观众共同建构的，通常包括重要的照顾者或家庭成员。对于孩子来说，意义的绝大部分来自一种持续扩大的分享的意义，并且，这也从事实角度得以呼应，当代发育研究的重要主题之一是关于个体发展在何种程度上成为一种分享的经历，也反映了以上事实。例如，9个月大孩子的

"躲猫猫"游戏表明,孩子和照顾者之间已经有了相当多的分享意义。游戏的感觉以游戏伙伴之间的共同意图和共同的感受为前提(Stem,1985);还有一种对当前环境的共同理解,以及对过去的经验和对游戏的期望的共同感受。否则,游戏就不会起作用,更不用说带来欢乐的戏剧张力了。

这类的共同意义,有时被概念化为"主体间性"(intersubjectivity),今天被认为是发展中婴儿-照顾者关系的一个重要方面,它对孩子安全感的发育有很大的贡献,并为所有的交流提供了必要的背景(见于 Bruner,1983;Kaye,1982;Rogoff,1990;Rogoff,Mistry,Gönctü & Mosier,1993;Stern,1985;Trevarthen,1979;Vygotsky,1978 & 1986;Wertsch,1991)。作为客体关系理论(尤其是依恋理论)和自体心理学(self psychology)(Atwood & Stolorow,1984;Osofsky,1988;Sander,1985;参见 Shane & Shane,1993)的重要方面,共同的意义和主体间性也得到了越来越多的关注。当孩子展示和讲述故事的能力得到发展时,分享意义上的复杂性随之增加。孩子的叙述能力为创造和谈论"可能的世界"带来了新的机会(Bruner,1986)。但这种个人活动不仅仅具有创造性。在某种程度上,因为与重要他人分享的意义和多种可能的互动,他们在进行"共同创造"。

展示和讲述游戏故事阐明了当代另一个科学主题,即我们对非意识(nonconscious)心理活动的扩展观点。通过行动,孩子意识之外的心理活动的各个方面得以显露。我们现在开始认可,在意识之外还有比弗洛伊德预想的更大的精神活动领域。除了动态无意识和前意识心理活动之外,还有一个广泛的非意识心理活动区域,有时被描述为"程序性知识"(procedural knowledge),与规则和熟练操作有关(Clyman,1991)。最近认知神经科学的研究表明,非意识活动的最大领域可能是弗洛伊德没有阐明的概念领域。例如,对于个人的指导程序是积极的,不需要代表,至少不需要以我们之前预想的方式来表示。它们既不是被潜抑的(如动态无意识的精神活动),也不是通过回忆或联想(如在前意识的心理活动中)浮现到意识中的。因此,将它们指定为"非意识"精神活动这一单独的领域是合适的,是对其他的前意识和动态无意识心理活动的其他领域的补充。

语法规则是非意识程序性活动的例证。一个孩子在上学之前学会使用母语，他并没有掌握任何有意识的知识或语法规则的特征。这些规则成为程序性知识的一部分，是由于在家庭中每日的实践。同样地，在婴儿期关于社会性的互动、调节凝视行为和轮流发声的规则，以及关于什么是预料之中的和令人满意的规则，也都是从每天的练习过程中习得的，并且成为了程序性知识的一部分（见 Emde, Biringen, Clyman & Oppenheim, 1991; Stern, 1977）。

儿童分析师经常利用孩子在游戏中表现出的非意识（也就是说，被推断为前意识或被潜抑的事物）。儿童治疗师也会利用孩子在游戏中所展示的东西，这表明他们对事物作用的方式有更广泛的了解（也就是说，什么是程序上的）。最近，我们研究儿童叙事发展的合作研究小组遇到了一个难忘的例子，激发了这方面的思考，由此产生了一些关于创造力的从未被思考过的想法。

**鲨鱼会来：一个孩子对动态序列的程序性知识**

接下来的叙事选自伦敦安娜·弗洛伊德中心（Anna Freud Centre）的吉尔·霍奇斯博士（Dr. Jill Hodges）的研究，研究对象是一名5岁受到了严重虐待的儿童。这个孩子在3岁以前遭受了广泛的身体和精神上的虐待，后来他住在一个寄养家庭，他想留在那里，他担心自己能否成为一个好男孩，并努力控制自己的行为。在一系列叙事游戏期间，检查者（E）对标准故事开头的反应得出一种印象，他认为孩子的反应以"盖上盖子"为特征，尽量避开过多的困难使事情顺利取得进展❶。下面的文字记录了 E 描述为洋娃娃游戏中扮演父母争吵为开头的故事，这两个洋娃娃恰恰与研究中的孩子性别相同。故事以 E 拿着洋娃娃妈妈以生气的口吻对着洋娃娃爸爸说："你把我的车钥匙丢了——你总是这样！"洋娃娃爸爸紧接着愤怒地说："我没有。"然后，E 对孩子说："展示给我看看并告诉我现在发生了什么事？"

---

❶ 故事开头节选自约翰 D. 和凯瑟琳·T. 麦克阿瑟联合研究小组开发的关于儿童早期转变的标准化工具（Bretherton et al.,1990）。故事开始是进行玩偶游戏，然后引出问题："展示给我看看并告诉我现在发生了什么事？"该研究工具已被用于非临床人群道德发育（Buchsbaum & Emde, 1990）和依恋关系（Bretherton, Prentiss & Ridgeway, 1990）的研究，并且也被用于被虐待的儿童（Buchsbaum, Toth, Clyman, Cicchetti & Emde, 1993）。

孩子：所以……爸爸说："它们在我的口袋里！"然后妈妈说……"噢，那就把它放回去。"……所以乔治（展示洋娃娃妈妈和洋娃娃爸爸互相靠近）……"谢谢你……"……于是乔治上床睡觉了……（把洋娃娃乔治放在床上）……做梦……梦见鲨鱼。

E：他在做梦的时候梦见鲨鱼了吗？

孩子：是的，所以他做了……很多梦……而且……他很害怕……（声音渐渐低了下来）。

当我和霍奇斯博士讨论这个故事的时候，我们惊奇地发现，孩子对这个事实潜在的认识是，如果把盖子盖上，就会做有鲨鱼的噩梦。换句话说，孩子似乎体会到一部分精神动力学关于梦的理论！然后我们想知道，即使是幼儿，在何种程度上可能获得关于动力学构造的因果关系的程序性知识。换句话说，孩子们在多大程度上学习了动机的程序性"语法"和动力学的因果关系？而这些规则并不在意识层面显现。动力学构造的"语法"在多大程度上类似于语言语法规则的程序性知识？尽管我们作为精神动力学派的临床医生，以前却从未这样想过，孩子们掌握这种知识的确非常有意义。在不断重复的日常经验中出现的应对技能，可能部分基于精神动力学活动的程序性知识。

以上展示了一个 5 岁孩童的洋娃娃游戏，激励我们从更广的角度思考弗洛伊德的另一主题——创造力。精神分析的创造力受到创造性作家作品的深刻影响——尤其是在精神动力学的发现方面。弗洛伊德对于从作家和剧作家那里学到的无意识动机的许多核心构成都给予了明确的肯定。众所周知的例子包括：从陀思妥耶夫斯基的《卡拉马佐夫兄弟》中揭示的本我、自我和超我冲突的结构，以及由索福克勒斯（Sophocles）的《俄狄浦斯王》（Oedipus Rex）揭示的俄狄浦斯情结。陀思妥耶夫斯基和索福克勒斯并没有明确提出精神动力学理论，但是，从今天的视角看来，可以说它们包含了关于动力学的核心构造的因果关系的程序性知识，并将这种知识以文学形式呈现出来。

当前的研究视野：游戏与创造性写作的发展性联系

在弗洛伊德的 1908 年这篇论文中，他将孩童期游戏和创造性写作做类比。他也暗示了一个发育顺序。"创造性写作就像白日梦一样，是对曾经的童年游戏的延续和替代。"孩童期游戏和之后的创造力两者的发展变化是否有关联？孩子对动力学情境的程序性认知——例如，当鲨鱼梦境可能发生时——是否是持续发展的？我不知道有任何针对此问题的程序性实证调查研究。这样的调查需要对个体在游戏性和创造力方面的差异，进行前瞻性的纵向研究。因此，发展上联结的可能性仍是一个耐人寻味的假设，但迄今尚未得到验证。

当前一个活跃的研究领域是有关幼童叙事能力的发展（Fivush, 1991; Nelson, 1989; Wolf, 付梓中）。这些能力从概念上与孩童在叙事中建构分享的意义（无论是否在游戏中）以及处理不同的架构和"可能的世界"时的创造力有关（Bruner, 1986 & 1990）。如上文所述，"展示和讲述"的游戏叙事可以揭示指导沟通和社会互动规则的知识以及关于道德行为规则的程序性知识。孩童发展的这一领域，代表了一个广阔的新的研究领域。我们称之为"程序性心智活动"的更广泛的非意识区域，现在是一个活跃的研究领域。在认知神经科学和心理语言发育学中相关理论正在产生：人工智能产生额外的刺激，主要有效的是"连接者"（connectionist）或"平行分配处理"（parallel distributed processing）（Bates & Ellman, 付梓中；Kihlstrom, 1987）。这片非意识精神活动的广大领域的隐含意义，与动力性（即被排除或潜抑的）非意识精神活动的关系尚未厘清，但现在正要开始被考量（参见 Clyman, 1991; Horowitz, 1991）。

幻想和超越

幻想与愿望的实现，是将游戏、白日梦和创造性写作等不同体验联结在一起的弗洛伊德观点的核心。如果以今天的角度来重新思考幻想的建构，我们可以利用我们已提出的一些扩展观点。循着这个讨论，我们将从弗洛伊德1908年的著作中获得更多的见解——我认为真的很惊人。这个见解过去是被忽视的，现在才开始被心理生物科学和发展科学所强调，这关系到幻想的未来方向。

对幻想的再认识

在大部分的精神分析历史中，幻想及其源于驱力未能满足的愿望实现特性，被视为一种基本的思考模式（见 Rapaport，1960）。弗洛伊德1908年的文章将力比多驱力的满足受到抑制视为主要角色，这是因为文化因素在家庭中的作用，而生物的和成熟的因素扮演次要角色。再一次，我们的当代发育系统取向极大地扩展了这一观点。虽然幻想可以因性和其他基础生物需求的剥夺而发生，然而整个发育过程的动机与活动、探索和认知同化有关，未必经由驱力受挫而加强。相应地，和这些动机有关的心智活动发生在一种既是实际的（即工具性的）又是想象的复杂层次。今日精神分析学家并没有将幻想视为一种基本的思考模式，不仅仅是因为对于驱力理论尚缺乏共识，也是因为肯定了思考具有许多不同类型这一特点。除了已在本篇论文提到的以外，已经探索过的思考类型有纲要式的（schematic）、脚本式的（scripted）、叙事的（narrative）和对话的（dialogic）（相关讨论见 Horowitz，1991）。

意向性（intentionality），是一种处理更广泛的认知动机方面的架构，如今在多学科范围的论述中它被证实了非常有用——不仅在认知科学中，也在人类学中，以共享的计划和目标或"意向间性"（inter-intentionality）（Shweder，1991）的形式，人们逐渐加深对意义的理解。综上所述，如今心智活动扩展的观点认为幻想在性和生物需求的愿望实现中占有一席之地，却也展望了一个更广阔的视野，以供其他形式的思考和能力。这些形式可以共享也可不共享，而且它们在不同的发育成就的层次上起作用，相应地，可更好地利用贯穿一生的各种不同的经验。

幻想的未来取向

现在，我们从当今的角度来看弗洛伊德1908年最有洞见的观点。这源于弗洛伊德对幻想时间特性的关注。根据弗洛伊德的说法，幻想结合了唤醒愿望的当前印象以及愿望曾经实现的早先经验，再加上对未来愿望实现的想象。用他的话来说："如此，过去、现在与未来就串联在一起了，愿望这根主线贯穿其中""愿望会利用现在的一个场合，以过去的经验作为基础，去建构出一个未来的景象。"

直到最近，当代行为科学才逐渐意识到，在20世纪我们心理学的未来取向被严重忽视了。很多已经进行的研究关注点在于现在和过去事件对行为的影响，但我们却忽略了未来的影响。然而，如弗洛伊德所指出的那样，未来的方向是精神生活的核心。我们现在已经意识到，未来不只是幻想的核心，也是包括预测在内的各种其他认知过程的核心，无论是意识的或非意识的。这类过程可被称为期待、意图、趋向、计划和朝向目标的活动，并且全都参与了早期发育。一本关于这个主题的新书说明了未来取向的过程涉及从毫秒到数月不等的时间跨度，以及目前正在研究的范围涉及从额叶脑部机制到社会环境的组织方面（Haith, Benson, Roberts & Pennington, 付梓中）。

令人震惊的是，从历史的角度来看，自从弗洛伊德指出在幻想里未来取向的核心角色以来，对这一主题的研究却很少受到关注❶。小说家、传记作家和剧作家们不断提醒我们，未来取向的过程会随着个人生活的不断变化而变化。在寻找另一半、养育下一代、职业生涯等活动的规划以及在各种社会关系中表现出的人与人之间的差异，是作家创作悲喜剧的重要素材。精神分析师们所了解的心理意义，不仅仅包括在过去大范围的背景（尤其过去的亲密关系）指导下对现在的理解，这种理解也得到了对未来预期的指引。如果我们不往前看，我们无法走得更远，并且会跌倒。根据这个比喻，精神病理可以理解为"跌倒"。精神病理学限制了一个人发展所能及的范围，且精神病理的特点是刻板的功能模式，不允许出现对新环境的灵活适应。此外，一些情绪障碍综合征，还具有涉及未来取向障碍的特征。抑郁症对未来有沉重

---

❶　莱博维奇的程序性临床工作提供了一个值得注意的例外，这一工作主要涉及"幻想"婴儿——即孕期期待婴儿的一系列表现（见于 Lebovici, 1988）——以及冯纳吉（Fonagy）、斯蒂尔（Steel）、莫兰（Moran）、希吉特（Higgitt）（1993）正在进行的纵向研究，该研究将孕期父母对婴儿的期待表征与产后所观察到的每一对婴儿与父母的依恋模式相连接。

感和无望感；焦虑症伴随着对未来的担忧。如果这还不足以使我们相信有必要研究和思考未来取向的过程，我们可以关注弗洛伊德后来沿着这些脉络所写的另一篇稿件，这无疑是值得研究的。这是关注那些未来取向的"情感信号"（signal affects）的使用差异，这些信号是个人心理上应对机制和防御方式的一部分（Emde, 1980b; Freud, 1926; Lazarus, 1991）。

## 创造力是贯穿于整个人生的适应

到目前为止，我们更新了弗洛伊德1908年论文的观点，特别强调了其中当代的一些科学主题。从发育系统视角看来，这些主题包括关于个体发育是分享的、非意识的精神活动以及幻想和想象是开放的和未来取向的一系列深入扩展的观点。现在，我们应该带着这些主题来思考创造力。

### 创造力的发育系统观点

弗洛伊德1908年的论文从愿望实现的角度来探讨创造性写作，并视其为一种艺术产品，就像白日梦一样，是源于直接驱力满足的抑制而产生的一个结构性的作品并继而得到分享。我们当代的发育系统取向提供了一个深入扩展的观点。创造力反映了对于被避开的痛苦情感的挣扎，对被抑制的性欲和攻击的冲突的挣扎。创造力还可以反映出俄狄浦斯主题（例如，"永恒的三角"，戏剧中经常提及）和自恋主题的重复。但创造力也建立在我们之前讨论到的当代观点的基础上。创造力也反映出人类主动的、内在的和探究性动机本质的发展。创造力部分是被建构的，且也可与他人分享。另外，创造力过程，通常是直觉的、涉及非意识的思想和技能，却不涉及潜抑。创造力产生新的组合，是富有想象力的，不但考虑到未来的可能性，也考虑到过去的模式。此外，创造力出现在复杂性不断增加的组织层次上，在这些层次上，新的表现形式出现，有助于产生新的组合。

虽然这不是弗洛伊德1908年论文的焦点，但他认为创造性写作（以及阅读这类作品）的过程涉及原初思维形式的运用。与更复杂的思维形式相比，后者大概更允许直接的愿望实现。举例来说，弗洛伊德关于凝缩和置换的构想（Freud，1900），后来被克里斯（Kris，1952）用于他的理论，即成人的创造力涉及"服务于自我的退行"（regression in the service of the ego）。当代的发展观点又进一步扩展了我们的视野。凝缩和置换可能有助于形成某些早期的思维形式，然而，为了包含那些整合的、创造性的贯穿一生的日益复杂的过程，还需要其他的补充。当我们在累积知识和经验时，与过去的相比它们或熟悉或不熟悉，曾被称为"置换"的东西变得更加复杂，并且因为创造性隐喻而富有想象力。同样地，那些描述为"凝缩"的东西以部分影像代表全部的方式运作并且产生了新的组合。这两种创造性过程相互共鸣，它们一次又一次地唤起更深层次的感觉。然而，它们以退行到原初思考的方式在发展的不同复杂层次上相互作用，而非线性发育。它们也带来了对个人与外在世界关联的理解。对艺术经验而言，这类创造过程有着"唤起歧义"（evocative ambiguity）的特征，如克里斯所言。

艾伯特·罗滕伯格（Albert Rothenberg）对创造力的研究，从发育系统的观点来看，提供了最有启发性的信息（Rothenberg，1969 & 1971 & 1988）。通过对艺术家和作家的研究，他建构了一个涉及创造力复杂过程的理论，包括他命名为"古罗马两面神的"（Janusian）和"同源空间的"（homospatial）思考。前者结合了极性对立面，并且以一种整合的方式向过去和未来看；后者设想了两个或更多的实体，同时占据同一个空间，产生了新的身份。这些构想每一个都代表着发育的成就，涉及与创造性过程有关的技能，而不是退化的经验。

同样，霍华德·加德纳（Howard Gardner）对创造力的研究也运用了当代认知发育观点。他建构的智力理论是组件式的（modular），在其中，思考的不同形式有助于日益复杂的技能和创造力的发育。拥有创造力的个体经常利用孩童期的思考，但又远远超越它。他最近的一项工作是将"多重智力"（multiple intelligence）理论运用到20世纪7个创造力非凡的人物的生命历程中，其中每一位都精挑细选以部分强调智力的每一种不同形式。弗洛伊德正是其中之一（Gardner，1993）。

## 生物和文化对创造力的影响

正如我们所看到的，弗洛伊德并未讨论个人创造力差异的问题（例如，在发育过程中如何能使创造力丰富或者贫乏)。然而他的确概括地探讨了其影响力,并且这给了我们一个补充更新的机会。

在那篇论文中,生物影响不如文化影响那么重要,因为弗洛伊德考虑的是什么抑制和重新引导了愿望的满足。诚然,在我们更新的文章中,讨论生物学的某些特性尤为合适。弗洛伊德简短地从愿望实现的角度提到做梦,它类似于白日梦,但发生在晚上,并且包含了更多因为压抑而产生的扭曲。根据弗洛伊德当时的理论,我们知道这样的夜间扭曲是为了维持睡眠,并且是前一天被唤起的愿望的"日间残余"(day residue)。过去几十年的心理生理学研究,使人们开始思考与做梦相关的意义形成和创造性过程的生物影响。我们现在知道梦是源于快速动眼睡眠期的生物节律,这种节律会在夜间重复发生,并且由中脑的某些位置所触发。作为这一过程的一部分,某些视觉的和其他的影像将会获得叙事的连贯性(narrative coherence),以便在特定的上下文中赋予意义(藉由中枢神经系统较高的功能)。当然,大多数的梦并未获得叙事连贯性,一般也是记不起来的。

与梦的变异相关的生物影响力是否和创造力的不同形式相关?如同许多问题一样,这个问题仍有待解决。类似的陈述可以是关于创造力遗传倾向的个体差异。从我们刚刚获得的关于疾病和发育遗传学的知识看来,现在的时代是革命性的。从发育过程的变异和疾病两方面来说,我们很快就会将我们对遗传学的影响的知识应用于游戏、探索和创造力中。

弗洛伊德的讨论中暗示了文化对于愿望实现以及创造性作品的影响。我们知道,文化影响描绘了一个未满足的现实,对女性来说是情欲性愿望而对男性来说是进取的愿望。最近的思考和研究已经证实,在类似的与性别相关的领域文化的影响力是持续存在的。在西方文化中人们片面地认为女性相比于男性更倾向于照顾和维系关系,而男人更倾向于成就、决断和竞争;相应地,女人倾向以照顾和维系人类关系的角度来看待道德问题,而男人则更多地从公平、公理和正义的角度来看待道德议题(Gilligan,1982)。虽然这些性别相关倾向可能存在一定的生物学基础,但文化影响力在早期发育和整个生命中发挥着重要的作用。因此,在婴儿期,只要共情反应能够可靠地测量到,相比男婴来说,女婴共情的平均水平就会更高一些(Zahn-Waxler,

Robinson & Emde, 1992）。在一个情绪叙事测试中, 3 岁小孩的妈妈们被观察到她们会花较多的时间与儿子谈论愤怒, 而花较多的时间和女儿谈论悲伤和解决关系（Fivush, 1991）。因此这提示了早期社会化的影响, 即父母亲希望女孩更在乎关系而避免愤怒。

弗洛伊德还顺便提到了另一种更广泛的文化影响力, 即那些神话, 他称之为"整个族群的愿望幻想的扭曲遗迹"。这再一次引领我们到当代的扩展观点, 即发育过程中的共享意义和非意识精神活动的角色。文化中的共享意义可被视为人与人之间意图和价值观的交互网络; 大多数并不是外显的或在意识层面的, 但可以在共同的活动和仪式中显现出来（Reiss, 1989）。某些共享的意图和价值可以反映出程序性知识和活动（例如, 那些自发的、普遍接受的, 以及在日常生活或特殊情况下被使用的）, 并且其中某些共享的部分甚至与被避开的知识和精神活动相关（例如, 某个种族过去世代的创伤, 尚未被该群体所哀悼）。最近, 有精神分析作家为后一种共享意义作出了贡献, 揭示了对持续的种族冲突的理解——例如, 在塞浦路斯的希腊人与土耳其人之间（Volkan, 1979）和在秘鲁的印加后裔与欧洲殖民后裔之间（Hernandez, 1992）。

### 通过作家的作品分享创造力

通过分享创造性作家的作品经验, 让我们看到了自己和别人的经历。弗洛伊德提到我们从这样的分享中获得了愉悦。我们偶然满足于精巧伪装的愿望而获得美学的愉悦, 并且我们能够感受到"内在压力"的解放, 类似于性活动"前期快感"的激励, 这些全部能够发生而不需要我们感到羞耻或自责。再一次, 我们发现当前心理学对分享的创造性经验的理解正在形成一个视野更开阔的观点。读者, 像戏剧爱好者一样, 体验了创造性的经验, 进入一个通过扩展变化而包含了"可能的世界"和"可能的自我"的叙事世界（Bruner, 1986）。作家在一个特定经验的世界里创造性地调动情绪和悬念［顺便一提, 我们注意到激起的情绪不但包含愉悦的元素, 也包含"害怕、遗憾和畏惧"的负面情绪——这是亚里士多德（Aristotle）的《诗学》（*Poetics*）中悲剧的经典写照］。参与分享的创造性经验，不论是对于读者来说还是对戏剧观众来说，都是令人心旷神怡的，分享的经验因而可视为一种探索和发育的经验，不论在成人时期还是孩童时期（Gerrig，1993）。

发育学家已经指出，我们持续地投入与他人的想象性对话，并且这样的创造性对话有助于扩大自我意识，以及指引我们朝向未来的可能性（Watkins，1986）。

## 后记：幽默和悖论激发的精神分析思考

越来越多的心理学家认为想象是一种能力，值得进行重要的发展研究。除了从认知和情绪发育的角度来研究外（例如，Harris，1989），也有必要研究游戏中想象性的对话，因为它们有助于自我发展和社会活动（Watkins，1986）。然而，在这篇结语中，我将通过两种不同的激发想象的"如果"练习来结束我们关于弗洛伊德论文的讨论。

### 文学、戏剧、精神分析中"如果"的世界

第一类如果（what-if）练习，是我们已经讨论的主题之一。在阅读小说和作为戏剧观众的经验中，我们主动参与了另一个世界。我们投入到一个想象的过程，允许我们询问：如果事情不是这样呢？然后一连串其他的事件、行动、后果发生了，我们因此扩大了自我与他人关联的经验。当我们在一生中参与创造性的叙事时，即使我们遇到的是熟悉和重复的事物，探索也会带领我们到达未来充满可能性的新领域。发育系统取向强调多元可能性对个体发展历程的重要性，并且会增加经验的复杂层次。因此，通过文学作品来体验多元化的语境可说是适应未来，也可说是创造现在。

同样地，"如果"的经验在精神分析工作中是重要的。诠释个人传记的故事有许多可能性，而分析者尝试在移情活动的脉络里有不同的选择，并尝试不断变化的未来期待。的确，"如果"的经验本身反映出对心智健康很重要的叙事连贯性。缺乏连贯的"如果"的经验使分析师知

道，这不是一个神经症性的过程（即经由重复强迫而受限）就是一个情感混乱的过程。

### 科学头脑风暴中"如果"的世界

如同孩童用游戏和想象力来探索不同选择，科学家也如此。科学家经常使用悖论来刺激想象，而其价值在于采取不寻常的观点。在头脑风暴（brainstorming）或"思想实验"中，一群科学家可能围坐着桌子并说"如果"或"让我们规定……"，结果是产生新的想象性的可能性组合，深入思考并促进研究。这是一种游戏的形式，毫无疑问，这与使自己（Gerrig，1993）沉醉于一部小说作品或一出戏剧相类似。

我想举个类似的游戏练习，我建构了想象刺激物，采用了某些在本文里讨论过的扩展观点。具体内容如下。

---

"如果"或"让我们规定……"：

（1）驱力或本能不会减弱，而是增加；

（2）移情并非被挖掘出来或再创造的，而是被全新建构的；

（3）凝缩和置换并不是退化的，而是进展的；

（4）洞见并非有意识的而是程序性发生的，并未被察觉；

（5）精神分析的主要目的是创造和处理新问题，而不是重新经历旧的问题；

（6）解释（interpretation）是为了打破旧的联结，而非形成新的联结；

（7）在治疗行为中，精神分析是一个人际互动的过程，而不是个人内在的心理过程；

（8）终止（termination）与其说是结束，不如说是开始；

（9）发展并未停止于青春期而是持续一生。

在某种程度上来说，所有这些命题对精神分析师来说是真命题，是让他们"感到正确"的，并且是可以应用的。这些命题构成了早期精神分析观点的基本假设，它们的反面亦如此。同样地，发展和思考所有这些命题发生在过去，并不在当前的语境下。

悖论存在于我们所有人之中。有时当我们能够从另一个时间或背景的有利角度来看时，悖论就会突显。今天，举例来说，我们能在弗洛伊德理解个体性（individuaLity）和幻想的方法中看到悖论。弗洛伊德是那个最能够通过运用精神分析来了解个体生活以理解意义独特性的人，而他又在其理论中以发展和人类与冲突斗争的两个视角来探索和强调普遍性。正如我们所看到的，弗洛伊德也指出幻想本质上具有一定的未来取向，然而他主要强调的是当前经验的过去取向。

我们将以一个最后的反思来作为结尾。是否有任何准则来引导我们用游戏的方式去使用悖论？有一个核心准则：根据发育系统取向，调节的基本准则是遍及我们一生和所有的活动。这可以让我们记住两个真理：第一个即古老的德尔斐神谕（Delphic oracle）的宣言，这是所有精神分析师所熟悉的；第二个为弗洛伊德所熟知的，即认识你自己（*know thyself*）和凡事不过度（*nothing in excess*），后面一句是与前者相关联的，因为认识自己意味着知道适度（moderation）或调节的准则。这些宣言使我感动，在一次最近国际精神分析讨论会的德尔斐式的气氛中，我加上了第三条："知道所有你所知道的是相关联的"（know all that you know is relational）——这个准则承认只有在特殊的情况下才能了解一个人的个体性（Emde, 1992b）。

### 摘要和结论

我们已经将发育系统学的观点应用到精神分析领域，更新了弗洛伊德1908年论文中的观点。今天，对发育的理解，建立在生物学日益增加的组织复杂性之上。发育过程贯穿一生，藉由与重要他人的交往而成为可能，并且深受文化的影响。弗洛伊德的很多见解提供了重要的历史基础，在此基础之上，我们通过后来的观察和研究结果获得更深入的理解。弗洛伊德对游戏的洞见（后来他自己在写作中加以补充）就是一个深刻的例子。游戏是适应性的，受发育的影响，并且与创造的过程相联系。然而，弗洛伊德关于幻想的洞见，需要修正才能与我们当代的知识保持一致。

我们现在对游戏的理解超越了愿望实现的幻想，包括本能的、探索性的和愉悦的活动。同样，我们对创造力和创造性写作的了解超越了幻想，包括想象性对话、成人发展中与重要他人分享的许多经验成果。在发育过程中，创造力的复杂性随之增加，并且囊括了种种复杂的技能，其中大部分明显是整合的及未来取向的。

我们对"白日梦"的理解，特别是当我们的创造力受它影响时，也超越了弗洛伊德学派所谓的幻想。它包括由规则和预期所引导的非意识精神活动的其他领域，而这些领域的意见分歧如此之大以至于甚至提出新的可能性。某些读者可能选择将白日梦限制在弗洛伊德所指出的观念中，即限制在可被意识到的挫折的基本欲望衍生物中。然而，这样的选择似乎会忽略许多与想象性活动有关的创造性白日梦。创造力的核心是新的联结、新的方向和新的建构。创造力的过程是适应性的并且持续终生，而且伴随着一种精神，即一方面鼓舞我们在新的经验中去辨认什么是熟悉的，另一方面是要超越它。

## 参 考 文 献

Ainsworth, M. D. S., Blehar, M., Waters, E., and Wall, S. 1978. *Patterns of attachment: A psychological study of the strange situation.* Hillsdale, N.J.: Erlbaum.

Amsterdam, B. K. 1972. Mirror self-image reactions before age 2. *Developmental Psychology* 5:297–305.

Aristotle. 1989. The poetics. In *On poetry and style,* trans. G. M. A. Grube. Indianapolis: Hackett. (Originally published in 1958.)

Atwood, G. E., and Stolorow, R. D. 1984. *Structures of subjectivity: Explorations in psychoanalytic phenomenology.* Hillsdale, N.J.: Erlbaum.

Bates, E. A., and Ellman, J. L. In press. Connectionism and the study of change. In *Brain development and cognition,* ed. M. Johnson. Oxford: Blackwell.

Biringen, Z., and Robinson, J. 1991. Emotional availability in mother-child interactions: A reconcept for research. *Amer. J. of Orthopsychiatry* 6:258–71.

Bretherton, I., Prentiss, C., and Ridgeway, D. 1990. Family relationships as represented in a story-completion task at thirty-seven and fifty-four months of age. *Children's perspectives on the family* 48:85–105. San Francisco: Jossey-Bass.

Bretherton, I., Oppenheim, D., Prentiss, C., Buchsbaum, J., Emde, R., Lundquist, A., Ridgeway, D., Watson, M., Wolf, D., Rubin, B., and Clyman, R. 1990. MacArthur Story-Stem Battery. Unpublished manuscript, available from the authors.

Bruner, J. 1983. *Child's talk: Learning to use language.* New York: Norton.

———. 1986. *Actual minds, possible worlds*. Cambridge, Mass.: Harvard University Press.

———. 1990. *Acts of meaning*. Cambridge, Mass.: Harvard University Press.

Buchsbaum, H. K., and Emde, R. N. 1990. Play narratives in thirty-six-month-old children: Early moral development and family relationships. *Psychoanal. Study Child* 40:129–55.

Buchsbaum, H. K., Toth, S. L., Clyman, R. B., Cicchetti, D., and Emde, R. N. 1993. The use of a narrative story stem technique with maltreated children: Implications for theory and practice. *Development and Psychopathology* 4, no. 4, 603–25.

Buhler, K. 1918. *Die geistige Entwicklung des Kindes*. 4th ed. Jena: Fischer, 1924.

Clyman, R. B. 1991. The procedural organization of emotions: A contribution from cognitive science to the psychoanalytic theory of therapeutic action. *J. Amer. Psychoanal. Assn.* 39:349–82. (Supplement.)

Dunn, J., and Kendrick, C. 1982. *Siblings*. Cambridge, Mass.: Harvard University Press.

Emde, R. N. 1980a. A developmental orientation in psychoanalysis: Ways of thinking about new knowledge and further research. *Psychoanalysis and Contemporary Thought* 3, no. 2, 213–35.

———. 1980b. Toward a psychoanalytic theory of affect: I. The organizational model and its propositions. In *The course of life: Psychoanalytic contributions toward understanding personality development*, ed. S. Greenspan and G. Pollock. Vol. 1: *Infancy and early childhood*, 63–83. Washington: U.S. Government Printing Office.

———. 1983. The prerepresentational self and its affective core. *Psychoanal. Study Child* 38:165–92.

———. 1992a. Individual meaning and increasing complexity: Contributions of Sigmund Freud and René Spitz to developmental psychology. *Developmental Psychology* 28, no. 3, 347–59.

———. 1992b. Conference summary. Third Delphi International Psychoanalytic Symposium, Delphi, Greece, August, 1992.

Emde, R. N. 1994. Individuality, context, and the search for meaning. *Child Development* 65(3):719–37. (Presidential address.)

Emde, R. N., Biringen, Z., Clyman, R. B., and Oppenheim, D. 1991. The moral self of infancy: Affective core and procedural knowledge. *Developmental Review* 11:251–70.

Emde, R. N., Gaensbauer, T. J., and Harmon, R. J. 1976. *Emotional expression in infancy: A biobehavioral study*. Psychological issues: A monograph series 10:37. New York: International Universities Press.

Fein, G. G., and Apfel, N. 1979. Some preliminary observations on knowing and pretending. In *Symbolic functioning in childhood*, ed. N. Smith and M. Franklin. Hillsdale, N.J.: Erlbaum.

Fenson, L., Kagan, J., Kearsley, R. B., and Zelazo, P. R. 1976. The developmental progression of manipulative play in the first two years. *Child Development* 47:232–35.

Fivush, R. 1991. Gender and emotion in mother-child conversations about the past. *J. of Narrative and Life History* 1, no. 4, 325–41.

Flavell, J. H., Green, F. L., and Flavell, E. R. 1986. *Development of knowledge about the appearance-reality distinction*. With commentaries by M. W. Watson and J. C. Campione. Monographs of the Society for Research in Child Development 51(1, serial no. 212).

Fonagy, P., Steele, M., Moran, G., Steele, H., and Higgitt, A. 1993. Measuring the ghost in the nursery: An empirical study of the relation between parents' mental representations of childhood experiences and their infants' security of attachment. *J. Amer. Psychoanal. Assn.* 41, no. 4, 957–89.

Freud, S. 1900. *The interpretation of dreams*. S.E. 4 and 5.

———. 1905. *Three essays on the theory of sexuality*. S.E. 7.

———. 1908. Creative writers and day-dreaming. S.E. 9.

———. 1920. *Beyond the pleasure principle*. S.E. 18.

———. 1926. *Inhibitions, symptoms and anxiety*. S.E. 20.

Gardner, H. 1993. *Creating minds: An anatomy of creativity seen through the lives of Freud, Einstein, Picasso, Stravinsky, Eliot, Graham and Gandhi*. New York: Basic Books.

Gerrig, R. J. 1993. *Experiencing narrative worlds: On the psychological activities of reading*. New Haven: Yale University Press.

Gilligan, C. 1982. *In a different voice: Psychological theory and women's development*. Cambridge, Mass.: Harvard University Press.

Gottlieb, G. 1992. *Individual development and evolution*. New York: Oxford University Press.

Haith, M. M., Benson, J. B., Roberts, R., and Pennington, B., eds. In press. *The development of future-oriented processes*. Chicago: University of Chicago Press.

Harris, P. L. 1989. *Children and emotion: The development of psychological understanding*. New York: Blackwell.

Harris, P. L., Brown, E., Marriott, C., Whittall, S., and Harmer, S. 1991. Monsters, ghosts, and witches: Testing the limits of the fantasy-reality distinction in young children. *British J. of Developmental Psychology* 9:105–23.

Harris, P., and Kavanaugh, R. 1993. *Young children's understanding of pretense*. Monographs of the Society for Research in Child Development 58(1, serial no. 231).

Hendrick, I. 1943. The discussion of the "instinct to master." *Psychoanal. Q.* 12:561–65.

Hernández, M. 1992. About tragedy and conquest. Paper presented at the Third Delphi International Psychoanalytic Symposium, Delphi, Greece.

Hinde, R. A. 1992. Developmental psychology in the context of older behavioral sciences. *Developmental Psychology* 28, no. 6, 1018–29.

Horowitz, M. J., ed. 1991. *Person schemas and maladaptive interpersonal patterns*. Chicago: University of Chicago Press.

Inhelder, B., Lezine, I., Sinclair, H., and Stambak, M. 1972. Le début de la function symbolique. *Archives de psychologie* 41:187–243. (As cited in Rubin, K. H., Fein, G. G., and Vandenberg, B. 1983. Play. In *Handbook of Child Psychology*, ed. P. H. Mussen. 4th ed. E. M. Hetherington. Vol. 4. New York: Wiley.)

Kagan, J., Kearsley, R., and Zelazo, P. 1978. *Infancy: Its place in human development*. Cambridge, Mass.: Harvard University Press.

Kaye, K. 1982. *The mental and social life of babies: How parents create persons*. Chicago: University of Chicago Press.

Kihlstrom, J. F. 1987. The cognitive unconscious. *Science* 237:1445–52.

Kris, E. 1952. *Psychoanalytic explorations in art.* New York: International Universities Press.

Lazarus, R. S. 1991. *Emotion and adaptation.* New York: Oxford University Press.

Lebovici, S. 1988. Fantasmatic interaction and intergenerational transmission. *Infant Mental Health J.* 9, no. 1, 10–19.

Lewis, M., and Brooks-Gunn, J. 1979. *Social cognition and the acquisition of self.* New York: Plenum.

Minuchin, P. P., and Shapiro, E. K. 1983. The school as a context for social development. In *Handbook of Child Psychology,* ed. P. H. Mussen. 4th ed. *E. M. Hetherington.* Vol. 4. New York: Wiley.

Morgan, G. A., and Harmon, R. J. 1984. Developmental transformations and mastery motivation: Measurement and validation. In *Continuities and discontinuities in development,* ed. R. N. Emde and R. J. Harmon, 263–91. New York: Plenum.

Nelson, K., ed. 1989. *Narratives from the crib.* Cambridge, Mass.: Harvard University Press.

Osofsky, J. 1989. Attachment theory and research and the psychoanalytic process. *Psychoanalytic Psychology* 5, no. 2, 22–33.

Piaget, J. 1952. *The origins of intelligence in children,* trans. M. Cook. New York: International Universities Press. (Original work published in 1936.)

———. 1962. *Play, dreams and imitation in childhood,* trans. C. Gattegno and F. M. Hodgson. New York: Norton. (Originally published in 1945.)

Pipp, S., Fischer, K. W., and Jennings, S. 1987. Acquisition of self-and-mother knowledge in infancy. *Developmental Psychology* 23, no. 1, 86–96.

Rapaport, D. 1960. *The structure of psychoanalytic theory. Psychological Issues* 2, no. 2, monograph 6. New York: International Universities Press.

Reiss, D. 1989. The represented and practicing family: Contrasting visions of family continuity. In *Relationship disturbances in early childhood: A developmental approach,* ed. A. J. Sameroff and R. N. Emde, 191–220. New York: Basic Books.

Rogoff, B. 1990. *Apprenticeship in thinking: Cognitive development in social context.* New York: Oxford University Press.

Rogoff, B., Mistry, J, Göncü, A., and Mosier, C. 1993. *Guided participation in cultural activity by toddlers and caregivers.* Monographs of the Society for Research in Child Development 58(8, serial no. 236).

Rothenberg, A. 1969. The iceman changeth: Toward an empirical approach to creativity. *J. Amer. Psychoanal. Assn.* 17:549–607.

———. 1971. The process of Janusian thinking in creativity. *Archives of General Psychiatry* 24:195–205.

———. 1988. *The creative process of psychotherapy.* New York: Norton.

Rubin, K. H., Fein, G. G., and Vandenberg, B. 1983. Play. In *Handbook of Child Psychology,* ed. P. H. Mussen. 4th ed. *E. M. Hetherington.* Vol. 4. New York: Wiley.

Sameroff, A., and Haith, M., eds. In preparation. *Reason and responsibility: The passage through childhood.*

Sander, L. 1985. Toward a logic of organization in psychobiological development. In *Biologic response styles: Clinical implications,* ed. K. Klar and L. Siever. Monograph series of the American Psychiatric Press, Washington, D.C.

Schulman, A. H., and Kaplowitz, C. 1977. Mirror-image response during the first two years of life. *Developmental Psychobiology* 10:133–42.

Shane, M., and Shane, E. 1993. Self psychology after Kohut: One theory of many. *J. Amer. Psychoanal. Assn.* 41, no. 3, 777–97.

Shweder, R. A. 1991. *Thinking through cultures: Expeditions in cultural psychology.* Cambridge, Mass.: Harvard University Press.

Singer, D. G., and Singer, J. L. 1990. *The house of make-believe: Children's play and developing imagination.* Cambridge, Mass.: Harvard University Press.

Slade, A., and Wolf, D. P., eds. 1994. Preface to *Children at play: Clinical and developmental approaches to meaning and representation.* New York: Oxford University Press.

Spitz, R. A. 1965. *The first year of life.* Madison, Conn.: International Universities Press.

Sroufe, L. A. 1979. Socioemotional development. In *Handbook of infant development,* ed. J. D. Osofsky, 462–516. New York: Wiley.

Stern, D. N. 1977. *The first relationship: Mother and infant.* Cambridge, Mass.: Harvard University Press.

———. 1985. *The interpersonal world of the infant.* New York: Basic Books.

Trevarthen, C. 1979. Communication and cooperation in early infancy: A description of primary intersubjectivity. In *Before speech: The beginning of interpersonal communication,* ed. M. Bullowa, 321–47. Cambridge, England: Cambridge University Press.

Tronick, E., and Gianino, A. 1986. The transmission of maternal disturbance to the infant. In *Maternal depression and infant disturbances,* ed. E. Tronick and T. Field, 5–11. San Francisco: Jossey-Bass.

Volkan, V. D. 1979. *Cyprus—war and adaptation: A psychoanalytic history of two ethnic groups in conflict.* Charlottesville: University Press of Virginia.

Vygotsky, L. S. 1978. *Mind in society: The development of higher psychological processes.* Cambridge, Mass.: Harvard University Press. (Originally published in 1962.)

———. 1986. *Thought and language.* Cambridge, Mass.: Harvard University Press. (Originally published in 1934.)

Watkins, M. 1986. *Invisible guests: The development of imaginal dialogues.* Hillsdale, N.J.: Analytic Press.

Wertsch, J. V. 1991. *Voices of the mind: A sociocultural approach to mediated action.* London: Harvester Wheatsheaf.

White, R. W. 1963. *Ego and reality in psychoanalytic theory. Psychological Issues,* monograph 11. New York: International Universities Press.

White, S. 1965. Evidence for a hierarchical arrangement of learning processes. In *Advances in child development and behavior,* ed. L. Lipsitt and C. Spiker, 2:187–220. New York and London: Academic Press.

Wolf, D. In press. Narrative worlds: The acts of forming and attending to meaning. In *Affective processes,* ed. D. Brown. Psychoanalytic Press.

Wolf, D., Rygh, J., and Altshuler, J. 1984. Agency and experience: Actions and states in play narratives. In *Symbolic play,* ed. I. Bretherton, 195–217. Orlando, Fla.: Academic Press.

Wooley, J. D., and Wellman, H. M. 1990. Young children's understanding of realities, nonrealities, and appearances. *Child Development* 61, no. 4, 946–61. Chicago: University of Chicago Press for the Society for Research in Child Development.

Yarrow, L. J., McQuiston, S., MacTurk, R. H., McCarthy, M. E., Klein, R. P., and Vietze, P. M. 1983. Assessment of mastery motivation during the first year of life: Contemporaneous and cross-age relationships. *Developmental Psychology* 19:159–71.

Zahn-Waxler, C., Radke-Yarrow, M., Wagner, E., and Chapman, M. 1992. Development of concern for others. *Developmental Psychology* 28:126–36.

Zahn-Waxler, C., Robinson, J., and Emde, R. 1992. The development of empathy in twins. *Developmental Psychology* 28, no. 6, 1038–47.

Zigler, E., and Hall, N. W. 1989. Physical child abuse in America: Past, present, and future. In *Child maltreatment: Theory and research on the causes and consequences of child abuse and neglect,* ed. D. Cicchetti and V. Carlson, 38–75. Cambridge, England: Cambridge University Press.

# 《创造性作家与白日梦》——一个局限性的观点

摩西·兰姆利奇❶（Moisés Lemlij）

> 既然我无法摧毁我无意识的恶魔，我必须有意识地使用它们的力量。把工作做好的恶魔要比无所事事的天使有价值得多了。
>
> ——Juan Rios（1993）

弗洛伊德的这篇论文可以从许多角度来研读，并且可以从中发展出大量的主题。譬如关于创造力与幻想理论的其他文献，或者是从精神分析视角切入艺术家及其作品时的方法学问题。我选择了一种正好被视为"地方主义"（localist）的观点。从我"局限性"的领域视角，我尝试去揭示一些普遍性真理与不确定的事物。我的动机源自于弗洛伊德自己的例子，如同乔治·斯坦纳（George Steiner，1976）所指出的，弗洛伊德从有限的素材中提取出普遍的确定事物：材料一方面来自于其病人提供的口述，他们大部分是中产阶级的维也纳犹太女性，这个样本很大可能被认为在种族、文化与性别上有所偏差。而另一方面则来自于书写素材，这些素材是从弗洛伊德身处奥地利时所教导及分类的伟大文学的纲要中提取出来的。

这些年来，我逐渐发现，令人着迷的兴奋感在那些生命起源与命运最为多变的人中——特别是在作家与艺术家——被唤起，而同样的感受出现在我第一次阅读《创造性作家与白日梦》时。受此鼓舞，经过感受的交流之后，我开

---

❶ 摩西·兰姆利奇是秘鲁精神分析协会的培训和指导分析师。目前他担任国际精神分析协会副主席。

始相信通过研究这篇论文，我有可能辨识出一些无法在弗洛伊德时代产生或者那个时代由于他特殊的目的无法被任何事件所囊括的论点或论据。

偶尔我会问自己，弗洛伊德透过秘鲁（Peru）的眼睛会看到些什么（以及预见到什么）。在这混杂着不同人种、不同语言的时代，在这诗歌从几千年前就产生的地方，他会发掘出什么样的独特观点呢？通过这样的视野他如何丰富作品中的普遍性［以及均质性（homogeneity）］呢？

在他自己的作品中，我们可以推测出一个以上的建议或隐含的答案。从某种程度上说，这篇论文只不过是诗人如何看待其作品以及跟作品关系的精神分析师视角之扭曲版本。作为重新检视弗洛伊德作品的起始点，我论文的第一部分将会探索一些通过我跟一些诗人朋友们的谈话而提出或衍生得到的素材。在第二及第三部分，我切入到创造力领域的狭隘偏见或许会更加明显。对诗人、诗歌与游戏在安第斯山脉人民的精神世界中的功能，做一个精简的分析，如同它以盖楚瓦语（Quechua）所显露的，这将会提供给我们一种（前驱）文本，以反思精神分析概念的针对性，以及思考所有语言身为特定文化群体的创造性产物，在它当中固有的艺术范畴。在最后一部分，我将尝试以诗人的欲望在世俗实现的想象，来挑战他们虚构世界当中的普遍"现实"。

# I

秘鲁的传统主义者里卡多·帕尔马（Ricardo Palma）教导他的学生如何写押韵的十四行诗，如何去开始以及结束。当他们询问那在中间应该要写些什么时，帕尔马回答道："要完成十四行诗，你需要天赋，然后你才是一位诗人。"（Palma，1890：1429）

"艺术操作的精髓是我们无法通过精神分析而获取的"，弗洛伊德在《达·芬奇和他的童年记忆》（*Leonardo da Vinci and a Memory of His Childhood*）中做出这样的警告。然而，3年之后，在《图腾与禁忌》（*Totem and Taboo*）当中，他再度沉迷于此，而他也使其变得更加迷人和神秘。这的确是因为他被激起了对艺术与其神秘手法的强烈尊敬。弗洛伊德声称他自己执迷于艺术创作的基本规则，而非天赋；然而，他的论文却显示着相反的事情：他的论定涉及创作过程的根源。

在他写给弗利斯的信件中，他比较了虚构（fiction）和歇斯底里幻想的机制，在其中我们发现弗洛伊德首次反思作者与他们的主角之间的关系，以及他们挑起读者情感的能力。在《梦的解析》（Freud，1900）中，我们察觉到一种动机的迹象变得越来越突出，在抑制与无畏之间摇摆，直到它自己转化为一种受欢迎与渴望的挑战，也就是梦想。我们想到了他的论文《戏剧中的变态人物》（*Psychopathic Characters On Stage*），写于 1905 年但搁置着没有出版，直到他生命的结束，特别是《创造性作家与白日梦》出版于 1908 年，仅在《杰森的〈格拉迪瓦〉的妄想与梦》出版的 1 年之后。弗洛伊德在《创造性作家与白日梦》当中提出了一种连续性，从游戏到白日梦，再到艺术创作；这会依据愿望实现的众多方式呈现，在女人会以情欲的方式加以呈现，而男人则是野心，虽然这些牵涉到的表达形式不一定是唯一的。

弗洛伊德谦逊但匆忙地以这句话作为《创造性作家与白日梦》的结尾："这即将带领我们进入一个新的、有趣的、复杂的研究领域。"实际上，弗洛伊德认为他只是奠定了基础、埋下了种子，并将其遗留给那些奉行追寻旅程的人们。他将这些文字置于文后，不是一如往常地作为结束，相反地，而是一种开始。

## 从当下的童年到成人的童年

弗洛伊德写到，或许这是合理的论断，每一位在玩的孩童自己都表现得像是一位诗人，创作他自己的作品，或者更精确地说，是在他的世界里以一种新的、令他愉悦的顺序来放置事物。而这个游戏的世界被非常认真地对待，因为对于献身其中并对它投注以最大情感的孩子而言，这不仅仅是一个游戏。

游戏的对立面不是认真，而是现实。孩子可清楚地将他的游戏跟现实区分开来，尽管他为了实现它而付出了情感上的努力。孩子在触摸到的与可见的事物当中，寻找可以支持他想象的物体与环境。

这种过程的经典例子，便是当一个孩子坐在椅子上并发出"轰轰轰"的声音，他就真的坐在一台车子里了。但如果你要求他带这个椅子到另外一个房间，这孩子"离开了车子"，并拿起了椅子。他玩的东西并没有脱离它们的本质，也没有成为一种象征。这"椅子"并不是一辆车子的象征，它仅被用来充当车子。如果孩子相信它"真的是"一辆车子而不是一张椅子，他会是一个精神病患者，而如果他没有办法为了他的游戏而将它"转化"为一辆汽车，他会变得近乎病态。具有同一时间参与在两种现实当中的能力，并以一种完美与自然的态度执行，（也）是孩子游戏的一个特性。它是以另外一个世界的支持来创造一个世界，但这并不意味着是对这另外一个世界（现实的世界）的摧毁。

从逻辑上而言，在脱离童年之后，我们就停止了游戏，但不是真的如此。实际上，我们不能放弃任何东西，更不能放弃快乐。我们如何放弃而不再品味游戏当中的乐趣呢？通过把幻想的位置推上制高点而达成。

童年的游戏不同于内在的幻想。弗洛伊德证明了这个反思若颠倒过来也一样成立。每一位诗人自己表现得像是一位在玩的小孩：他创造了一个幻想的世界，相当认真地投入其中，并感受到自己跟它亲密地联系着，但是他能区分出来它跟现实。"我唯一没有从事过的职业就是做一个成人"，奥地利-秘鲁画家阿道夫·温特尼茨（Adolfo Winternitz）这么宣称。

这种世界诗意得不真实，是一种艺术技巧的结果，在现实世界当中产生了沉重的反响：事件如果真的发生，本来会产生相反的效果，但通过幻想的游戏，而开始变得令人愉快——甚至是令人渴望。过度的情感，本身是令人难受的，而对诗人的听众而言它们可以自行转化为愉悦与美丽的来源，这会拜艺术魔法（感谢魔法艺术）所赐。

从我们开始迈入青春期的那一刻起，当我们经历成熟并一路走向人生最后的终点时，总是——某种形式——有一个孩子牵着我们的手引领着我们，这个孩子是一个诗人内在的孩子（像这样），一个在我们其他人心中的孩子（像是缺席）。

孩子在分享他们的游戏上没有问题，在分享主宰游戏的欲望上也没有问题。另外，成人宁可暴露他们的错误与失败，也不愿承认那让他们感到羞耻的幻想，就像是某种非法、幼稚的事物，因此更乐意将这些幻想隐藏起来，隐藏在无声与可耻的神秘当中。

如同弗洛伊德所言，"一个快乐的人是从来不会去幻想的，只有那些未获得满足的人才会""在年轻女人的身上，情欲愿望几乎是唯一占优势的，而她们的野心愿望通常是被情欲倾向所同化的。在年轻男人身上，自我的和野心的愿望则是伴随着情欲愿望一样明显"（Freud，1922：146-47），我们可以确认这一点吗？

## 幻想的时间性

具体来说，幻想或白日梦是一种反应，对应着一种想要去纠正未令人满足的现实的欲望，而它们都浮现在三种有代表性活动的时段中。当前的印象能够激发主体的某一欲望，唤起一个几乎总是源于童年的过去事件，而在这过去的事件中欲望曾得到满足，藉此创造出一种指向未来的情境，以欲望满足的形式出现，在幻想中亦梦亦醒，带着它的源头、环境与记忆的痕迹。这样一来，过去、现在、未来，通过贯穿其中的欲望这条线紧密地联系在一起，并呈现它们自己。

---

举一个非常简单的例子（弗洛伊德写道）就可以将我刚说的话解释得非常清楚。以一个穷困的孤儿为例，当你给他某位雇主的地址，也许这样他可以找到一份工作。在他去拜访雇主的路上，他可能沉浸于和当时情境相符合的白日梦中。他所幻想的事情可能是这样的：他得到一份工作，并深受新雇主的器重，在职场中他是无可取代的，被雇主的家庭所接纳，进而与雇主家中年轻貌美的女儿结婚，随后他便成为这家企业的主管，由最初是他岳父的合伙人，然后变成继承人。在这种幻想中，白日梦者重新获得一些来自其快乐童年中曾拥有的东西——庇护他的家庭、疼爱他的父母，以及最初他所喜爱的对象们。从这个例子可以看出，愿望会利用现在的一个场合，以过去的经验作为基础，去建构出一个未来的景象（Freud，1908：148）。

---

（我情不自禁地想到，如果这孤儿是一位我认识的秘鲁诗人，他会敲着雇主的门，但不是请求一份工作，而是宣称要放弃继承权，并告知他的"丈人"他是注定要写作的，因此"爸爸"应该要原谅他，但与他女儿的离婚决定已经定案。）

是否有可能将诗人比作"清醒时做梦"的人，将诗人的创作比作白日梦？

弗洛伊德提出可以运用他对于幻想与过去、现在、未来的关系的理论，加强研究创作者的一生与其创作之间的关系，根据这个假说，就像是白日梦，诗是童年游戏的实质性延续。

然而，诗人的童年不全然是个人的。孩童与诗人同样使用着已为人所熟知的主题，且有些人显然能自由地从"神话、传说与童话的大众宝库"中提取素材来创造主题——简而言之，是通过人们的生活史，在他们的作品当中探索着心灵。"极有可能的是，举例而言，神话是整个族群的愿望幻想的扭曲遗迹，是早期人类的永久梦想"（Freud，1908：152）。[阿格达斯（José María Arguedas），是伟大的盖楚瓦语诗人与西班牙语小说家，对于他倒数第二次尝试自杀的失败感到沮丧，认为无论如何他都会结束自己的生命。"我们能做些什么让你不会自杀呢？"一位朋友这样恳求着。"阻止西班牙征服者的到来"，阿格达斯说。]

因此，在这里我们发现自己身处于一新研究的过程中，既令人觉得有趣，同时也十分复杂。

## 无意识——作为梦的转译者

弗洛伊德的模型同样解释了精巧加工的梦的产生过程以及艺术创作的产生过程。

一个意识层面的想法交付给无意识进行秘密提炼，通过重新创造而成为具有独特性、矛盾而神秘的清晰形式，然后伴随着全新的复杂性回到意识当中，让我们重新发现，又以艺术作品或外显的梦境来获得重塑。

我们看到同一个主体自我重复于一个来来回回、不断重复的轨道中，回归无意识。它不可避免地要通过由艺术家所处时代与个人的审美、意识形态以及政治倾向所组成的主观过滤器过滤，然后它以艺术或梦境的形式呈现，或者还不如说艺术及梦境在本质上是同步的。

艺术家的任务是使主体变得更完美，而精神分析师的任务则是强化它，两者都通过创造性的方式来诠释——前者运用创造性的诠释手段，后者运用的手段与承担的任务是不得不在理解和成长的工作中尽可能多地将它们自己转化以完成概念化、产生共鸣。在此，如果不是泛指，诗人-做梦者尝试变得务实，而精神分析师-实用主义者的工作目标则是梦。

诗歌伴随着它的现实出现，目标是将它自己植入到另外一个真实世界中，它就像是另外一个生命，要来分享这世界的经验。

现实催生了诗歌的文本，又被其所引导，这些现实在某种程度上影响了文本的创作和加工，使它们在"文本上"对应着在不断的分散弥合（*perennial confluence of dispersion*）条件下固着的变体，而现实就预先存在于其中——时间与功能相互交换着——无法预料的现实等级结构再次确认它们自己的存在。

弗洛伊德的说明也可以藉由它所呈现的模型来解释吗？所有的事情都指出，《梦的解析》为了达到阐述精准，必须要经历一段类似于它所解析的产物经过的路径。运用这个观点来揣摩它的最小意图，那么从弗洛伊德开始提及那个孤儿在寻找工作中幻想白日梦补偿的那一刻起，孤儿案例多大程度上属于这种情况呢？

## II

"到现在为止，我们一直都活在未来；从现在起，过去开始了。"

——曼纽尔·斯福尔扎（Manuel Scorza）

"《堂吉诃德》的作者塞万提斯（Cervantes），'渴望着所有的事物都属于我们的时光，因为你我的言语都不曾被知晓'。"

如同斯坦纳所指出的，弗洛伊德处在一个高度重视语言与文学的环境中。他的病患口才良好且熟知多重语意，这让他们可以用超过1个以上的词汇来指代一个同样的物体，也可以对同一个字赋予许多不同的意义。即使这只是下意识的，他们知道文字的隐含之意、外延之意，以及一些模糊不清的方面。在这样的背景下,口误、笑话、文字游戏以及文学参考及引用,有着非常特殊的重要性,而在弗洛伊德的作品当中他不断尝试去组织并挖掘这一点。

语言本身是一种创造过程的产物,不仅在它的意义上是如此,在语法上也是如此。对于一种语言的使用者,另外一种语言可以充满着无法预料的细节,这些可以被视作为艺术,因为它们给自己的被认为是既定概念的语言增加了一个不同的维度。我尝试着去接近一种与弗洛伊德学派截然不同的思想运作的文化。冒着将明显广为人知的事实推论变得可疑而令自己不悦的风险,我提议去尝试理解如同在它的语言当中所呈现出的,主宰着安第斯山脉人民精神世界的基本概念,盖楚瓦语,它的起源可以追溯到4000年前,有些措辞几乎是无法以"西方"词汇来衡量的。也许通过致力于渗透并澄清一些概念,我们可以阐明一些关于创造力、幻想、艺术与精神分析的主题。

举例而言,"*pacha*"有着多样的全面性——是一种统一的、无法分割的、同时存在的概念——包含了地球、时间、世界与宇宙。地球是一种有生命的、活的抽象概念,与时间、世界、宇宙无法分割地存在着,是可触及的、立即性的、"可栽种的"土地,依情境而被命名为"*allpa*"或"*jallpu*"。"*pacha*"与"*jallpa*"共存——在同一时间——即同一时间内共存于彼此之中。一种持续流动的时间,是无法被阻断或分流为停滞不前的"存在"。

"*Ñaupac pacha*"(古时候的世界,我大胆地翻译为"过去")传达了一种时间的概念,当时我们的祖先与我们同在,表达了另外一种关于宇宙存在的时序状态,以世俗的词汇描述"时间"的存在。在西方语言中,我们被迫地要将两个词人为地连接起来,以传达一种空间与时间的概念,仅仅是为了让我们自己能够被囊括在既存于"*pacha*"这词汇无法分割的意义之一中。

## 诗:既不是特权也不是独占

册赛·A. 瓜迪亚·马约加(Cesar A. Guardia Mayorga)所编的《盖楚瓦语-西班牙语辞典》(*Kechwa-Castellano Dictionary*)有以下的叙述:

*Kumay*:创造,以做某件新鲜事的感觉,建立在某种已存在事物的基

础之上，以一个指令、一种力量的形式存在；不做那些凭借双手做的事情，ruray，而是"将一个人做的事情跟已经做好的事情按照顺序排列"；保存、赋活、估测；赋予活力；尝试某事，像是穿上某件华丽的衣裳；赋予某人他应有的权利，属于他的，他所应得的；给予他应得的；夺取目标（用弓及弓箭，用弹弓，以便击中目标）；将事物按顺序排列；依循秩序；下命令。

*Jarawi*：歌；诗；诗歌。

*Jarawij*：著作和（或）演说"jarawis"的人；诗人。

---

现实的用途与必要性，以相同的教派，暗指诗人、音乐家、乐器演奏者、歌手、作曲家、译者、播音员、演员、演说家、叙事者、说故事的人、历史学家。还有精神分析师（为什么不是呢？），虽然在盖楚瓦语当中对应的名称是借用与其相似的名词（*jampikuq*：巫师、医生），但在现实中也不属其范畴，实际上与它也不相似。此外，如同"艺术的创作者"没有做到所有"*kamay*"意指的事物，"*jarawij*"无需承担赋予这词汇的各种不同职责。

在印加军队的先头部队里咏唱与创作音乐的"*jarawij*"，仅仅是在追求他们的创造性作品。通过这种方式，他们分享着诗歌以及他们死亡或胜利的交易。

*El Jarawij*，随着光阴流逝而永恒

生活和游戏在盖楚瓦语言环境当中的孩子，循着另一个不可思议的旅程，取得生命中的里程碑。无论是否在游戏，他在社群共有的无意识里遵循着觉醒的预设模式，这常见于原始社群。从不游戏的小孩只是对我们来说"不玩游戏"，因为游戏并不以符合西方的形式呈现。但是游戏以另一种形式（很难说是"替代性的补偿"还是"省略"）使孩子通过一定的因素作用得到补偿，而这些因素可能被环境所延迟，或者仅仅是因为这不是其社群留给他的遗产。

诗人唤起他自己都不知道的正确词汇，以及不存在于意识中的诗句。倘若对这些他一点都没有意识，他便默许了自己好像是处于梦境中，仿佛在教

一位尚未出生的小孩说话。

诗人留白的诗句就像是孩童因无法在可见记忆里做游戏而产生的抱怨，他们甚至无法在"*jarawij*"的幻想中游戏，而"*jarawij*"根据欲望的记忆无从知晓来来往往的是什么，而且他的游戏通过将他的生命从生活中剥离以成就一切，实现自我重生。

至此，对未获满足的事物（是的，曾经被满足过）而言，诗歌的欲望贪得无厌，就像是诗人并不太能记住的，正因如此，而创作出令人难忘的完美诗篇。

诗人一旦完成了诗句，就为读者提供了无意识中"重新创造"的素材，这些素材无尽地往返于意识与无意识之间。诗句被无数的共同作者们所遗忘，被转移到集体无意识中。它将会在某个时刻重新出现或者不再出现，重新占据一个它未曾出现过的场所，在那连贯的与总是短暂的旅程当中——瓦列霍（Vallejo）说——"每一种行为或亲切的话语，都来自于人们并将走向他们"。

在鲜活的现代盖楚瓦语中，"*pacha*"（如同一位女性，将我们存于她的内心，作为一个独立的部分），所有现存的与不存在的共存在一起，不断相互影响，而没有对抗、冲突或矛盾，以一种不断分层的现实分散汇流（perennial confluence of hierarchical dispersions of reality），不允许现实的封闭或分割，也不允许分解成三个（或更多的）片段。

"*pacha*"为我们提供了一种关于世界，确切地说是诗歌世界的视角，我们可以说，弗洛伊德学派在它那无边的视角架构中，现实以梦境的形式，让游戏和幻想符合它的"他者性"（Otherness），我们可以大胆地使用弗洛伊德提出的模型自相对照。

卡洛斯·克里斯塔洛（Carlos Cristanto，1991：264）在他的论文《艺术与精神分析》（*Art and Psychoanalysis*）中写道：

> 我们国家伟大的画家特奥多罗·努涅斯·乌雷塔（Teodoro Nuñez Ureta）曾说过，艺术是我们绝对无法通过其他方式获得的进入到事物真实特性的方法。这对我而言是一种挑衅性的言论。有什么事物是不通过艺术而我们绝对不会获得的呢？人类最为深刻的现实吗？真理吗？美学经验吗？特奥多

罗·努涅斯·乌雷塔所指为何呢？艺术、艺术家的经验，是最为真实的吗？精神分析会为了不被放置在这些可能性"之外"，而自称为艺术吗？根据我们在这篇论文当中所阐述的公式：诗、艺术＝隐喻，移情的错觉、梦＝精神分析；如果果真如此而并非仅仅是概念的调适，那么可以分辨说，在艺术与精神分析之间存在呼应，一个相当值得重视的同一性。

---

从存在之物的发生（精神分析式）来解决缠结的事件（诗歌式的）产生的问题要多于，将应用精神分析视为和艺术创作完全不同的过程，而艺术创造的本质是无法通过精神分析所接触到的——再次强调："通过"精神分析。

诗是透过它自己、藉由它自己、从它自己和它自己无法分割的精神分析式的行为中得到解释的吗？

## III

### 诗人，那些真实的做梦者

斯坦纳要我们注意弗洛伊德的临床证据赋予了文学作品中角色的力量，这些是由莎士比亚（Shakespeare）、霍夫曼（Hoffmann）、巴尔扎克（Balzac）、约翰逊（Jensen）以及许多他研读过的作者所创造的角色。对弗洛伊德而言，文学包含着一种超越作者本身的临床真理。从这个角度来看，作者的价值或多或少有赖于他们作品中的角色无意识中能证实精神分析假说的程度。唤起读者情感的能力超出了作者有意识的意图；更恰当的假设是：正是由于诗人的无意识才能理解其作品中主角的无意识。根据尼奇克（Nitschak，1990）的说法，弗洛伊德似乎赋予了他自己关于文学角色的绝对知识，这是一种比作者创造角色还要伟大的知识，当然，也比任何文学评论者的知识要准确。"精神分析师的权威，让他总是可以摘录文学作品，当作他精神案例研究的范例。也总是这种权威在判断艺术家是否成功地以一种忠诚而真实的方式描绘着他角色的内在生命，而对这伟大的诗人与作家竭尽赞颂之词。"（Nitschak，1990：328）

弗洛伊德引用文学作品来重申他在临床实践中发展出来的理论，关于"无意识活动必须要遵从的规则""我们因此发展了这些规则，通过精神分析从他（诗人）的作品当中提取出它们，如同我们从真正的疾病案例中提取它们，但结论是无法否定的；无论是诗人还是医生，都以同样的方式误解了无意识，或者是说我们都同时正确地理解了它"（Freud，1907：92）。

我们要考虑到的是，艺术作品是一个真实的物件，异于创造者的精神世界，因此，如同艾伦·汉德勒·斯皮茨（Ellen Handler Spitz，1993：257）指出的："评论它的创造者，不一定等同于评论它，反之亦然。"一旦创作出来艺术作品就获得了这样的自主性，这让它对其创造者产生决定性影响，不仅只是影响他接下来的创作，甚至包括他自己的存在。皮格马利翁（Pygmalion）便是一个例子。

## 阿格达斯（José María Arguedas）与《梦的复仇》

在可以作为弗洛伊德假说（实际上它们全部）范例的作者当中，我们选取那些文字直接涉及作者幻想的作者，不仅是因为他们非比寻常。阿格达斯的著作便是这样的例子，在其中我们发现了一种主观世界与有形世界之间特殊的交融。

如果回顾一下阿格达斯的名为《仆人的梦》（*El sueño del pongo*）的短篇故事，从它起始的复杂情境的视角到故事的确切结构，我们能够以一种明显不同于过往的研究他"主要"作品的数位评论家的观点，来接近它的创作者。

简短几句说明一下故事大纲：一位年老的印第安仆人（农奴，更甚于仆人，也就是说"*pongo*"）必须要忍受地主施加给他的令人耻辱的任务，尽管他以高效率与服从的态度完成了所有分派给他的任务，地主仍奚落取笑他。某一天，这印第安仆人说了一个最近的梦给地主听，他听得惊愕不已。在仆人的梦里，两个男人都已经死亡并抵达了天堂。圣彼得为他们准备了三位天使（两位年轻美丽的天使归主人，一位古老而破落的天使归印第安人）。天使们在地主身上涂满了蜜糖，而仆人身上则涂的是粪便。梦境的结尾，圣彼得命令他们彼此互相舔对方，那位破落的天使恢复了仆人的体力以确保神圣的旨意切实执行。

在故事开头的说明里，阿格达斯叙述说他在利马（Lima）一位乡下农夫的口中听到这段故事，"这位农夫说他来自 Qat 或 Qahqa"，而他没有办法以农民的声音来保存这段故事，因为当他取得了录音带的时候就没见过那人了。另外两位神秘的人物（"一位人类学家与一位画家"），阿格达斯向他们求证，他们向他保证知道这个故事，但是作者对于残留在他记忆中的那些片段感到非常困惑，因为他们的版本大相径庭。这样的疑虑迫使他向读者说，他"带着恐惧与希望"讲述这段故事；并且他将之献给另外一位乡下农夫——公开地在书页中写着——这位农夫是他的一位朋友，是他说服第一位农夫跟阿格达斯讲关于这梦的故事。

通过阿格达斯天才的笔触，在文本的最后所有的矛盾都消失了。为什么一份如此优雅、带着柔情与暴力，并如此深刻触动着读者的艺术作品，能够产生这样的不确定性呢？阿格达斯向一位亲密友人吐露，他所记得的，是叙述者赋予角色生命时的那些手势。这位农民，总是说着盖楚瓦语，当他诠释地主的部分时非常傲慢；当他演印第安仆人的时候，他低着头、弯着腰，他拖着脚像是年老的天使；而当圣彼得宣判地主去舔仆人身上的粪便时，他表现出一种超然的音调和神态。

阿格达斯在安第斯山脉乡间的大庄园里，在印第安仆人的环境当中度过他的童年，在那里地主拒绝脱离中古世纪。当成年的阿格达斯聆听农夫的故事时，毋庸置疑这会唤起他对无法忍受的不公平场景的记忆。尽管在他的作品中，都采用同样大胆且振奋的语调，但说他对于他所创造的两位角色的命运从未如此满意并不夸张——这是他自身经验的重造。印第安仆人在夜晚的梦是阿格达斯的白日梦，开辟了通往复仇正义的道路。

对于某位对资料来源很严格的人而言，原始信息的模糊记忆，证明了他本人与农民的表征融合在一起——似乎阿格达斯尝试将自己与这位农民区分开来，但不是借以强化那位农夫作为中间人的形象。而他将仍然存在的属于他先祖的梦境献给那位农夫。正因为如此，人类学家与画家（两者都是当代的西方专业人士）的版本会有所不同是意料中的事情，并且持续到现今仍与阿格达斯的版本有所不同。阿格达斯所看到的（他聆听着，用他的眼睛紧盯着盖楚瓦语叙事者的手势），释放出父亲与兄弟（也就是，地主）逍遥法外的行径。但的确还有很多。写出这一个梦境并不能满足他所有的忿忿不平。

从"*pacha*"她自己开始，5个世纪前西班牙的征战击碎了他的童年，此后那里便开始出现"*jarawij*"阿格达斯记忆之手。像梦一般闪耀，或像把左轮手枪，它会寻找小说家阿格达斯的殿堂。农民阿格达斯的忿忿不平则无法消除。开一枪就解决了，或至少听见了。

略萨（Mario Vargas Llosa）与《一个快乐男人的幻想》（他还想要什么呢？）

身为公认的最伟大的拉美作家之一，我们的国人略萨的小说评论与他创作的小说一样充满创意（1975）。他在《一本小说的秘密历史》（*Historia secreta de una novela*）当中揭示了他的小说《青楼》（*La casa verde*）的前因后果与内在面向，幻想与现实以一种新的方式自我调适。略萨向我们揭露了一条隐秘的通道，打开后门以通往更加真实的青楼（*La casa verde*）：小说中人物角色的真实生活处在小说的另一面。真实的生活（小说的另一面）是在小说（真实的生活）的另一面吗？是的。当创造过程"发生"的时候，角色的即存过程带着历史的瞬间细节，成就了小说里转瞬即逝的当下。而这所有都包括在由略萨所假设的，我们或许可以称之为创造力的整体理论（general theory of creativity）中。

---

写一本小说是一种类似脱衣舞的仪式。像是年轻的女性在毫无羞耻的聚光灯下移除她衣物的束缚而赤裸着，一件接着一件，释放她神秘的魅力，小说家也透过他的小说不断暴露他的隐私。当然这还是有差别的。小说家展示的并不是一位放荡年轻女性的神秘魅力，而是折磨着他并令他着迷的恶魔，他自我最为丑恶的部分：他的乡愁，他的罪疚，他的怨怼。另外一个不同之处在于，在脱衣舞里，年轻的女性一开始穿着衣服，结束时是赤裸裸的。而这样的轨迹在小说的例子当中是颠倒过来的：在一开始，小说家赤裸着，在结尾则穿着衣服。个人的体验（活过、梦过、听过、读过）一开始刺激故事的写作，经过创意的过程，在最后故事被恶意地伪装起来，因此当小说完成时，没有任何人，包括小说家自己，能够轻易地聆听到所有小说当中自传式

的心脏的活泼跳动。写一本小说是顺序倒过来的脱衣舞，而所有的小说家都是审慎的展示者（Vargas Llosa, 1971：8-9）。

在那段时间里，我开始发现了这个严酷的事实：文学的主要素材不是来自于人类的快乐，而是人类的不快乐，而作家像是偏好腐肉的秃鹰（Vargas Llosa, 1971：46）。

但是，如同以前曾发生在我身上的那样，当我写着《城市与狗》（*La ciudad y los perros*）时，一个角色——甘博亚中尉（Lieutenant Gamboa）——原本设计为这本书里最令人痛恨的角色之一，最后反而成为最为迷人的角色之一，于是我再次确认，策划小说是一回事，而完成小说则是另一回事。就是在那个时候，我发现写小说主要是依据执念（obsession）而非信念（conviction），在构思一个虚构故事的时候，非理性的贡献至少与理性的贡献同样重要（Vargas Llosa, 1971：58）。

我已对它感到怀疑，但接下来我以一种臭名昭著而世俗的方式了解了它："现实的真理"是一回事，而文学的真理是另外一回事，而没有什么是比想要让它们一致更加困难的了（Vargas Llosa, 1971：66）。

---

然而，在略萨的生活与作品当中，它们真的变成一致的了。在他虚构小说的现实当中与在他现实生活的虚构当中，存在着一种饶富趣味的互补对照。他必须要透过文学来驱逐的恶魔，无一例外的是个人的或是家庭的，如同通过他小说的自传本质来做出声明：《大教堂内的对话》（*Conversaciones en la catedral*）的主角名叫 Zavalita；《胡莉娅姨妈和作家》（*Latía Julia y el escribidor*）的主角 Varguitas 则是他自己，而故事讲的是他与姨妈之间的婚姻。

在《城市与狗》（*La ciudad y los perros*）、《青楼》（*La casa verde*）等初期小说取得巨大成功之后，略萨被认为是秘鲁最为重要的人物之一。他的书被翻译成超过 12 种语言以上，而他获得的多种文学奖项让所有的秘鲁人骄傲，这与略萨采取的政治立场相当不同，他先是古巴的支持者，后来是"自由派"。1987 年，当艾伦·贾西亚（Alan García）这位秘鲁的人民党总统将银行体系国家化的时候，略萨领导了一场庞大的公众演说来抗议政府措施，之后他自己便变为政治反对阵营的领导者。重视传统的右翼政党以略萨作为标杆集结在一起，加入了作家自己成立的"自由"运动当中，并将略萨推举为共和国总统的参选者。一开始，令人印象深刻的是，他得到了多数支持，但在选举的过程当中，以及在他选举演说之后，大量的社会阶级，特别是大众阶级，撤走了他们的支持。最后，一位名不见经传的参选者，以低于三个百分比的选民支持下开始他的竞选活动，在决胜投票的时候打败了略萨。

当略萨进入秘鲁的政治圈，成为总统候选人时，他拟订了一个计划，呈现了所谓的真正的万无一失的救赎，但大众将之视为虚构的（而同样地，大众没有怀疑过他作品的文学真实性），或者是对一个糟糕谎言的承诺（1988）："我要告诉你们，你们不要失去希望，因为我们对于问题核心的危机有着一个清晰而完全的想法。因为我们能够精确地辨认出我们当今困难的根源，救赎、秘鲁巨大的改变、迈向进步的目标、现代化、繁荣与正义，近在咫尺。"

将自己定义为不同于之前所有的政客，略萨大张旗鼓地展开了他对卓越的追求。这让他发现了秘鲁危机的根源及解决方式。他的政治语言将它自己转化为救赎的保证，屈从于寻求信徒的宗教诱惑（Vega Centeno，1993）（"略萨的问题在于他不读自己的小说"，他的一位朋友及支持者对我这么说，而且他是认真的!）。

在《水中鱼》（*El pez en el agua*）里，他向我们解释了为什么每一次有人提出政治理念的任何实际且合理的阐述时，这些想法会消失在掩人耳目的错觉当中：

从很小的时候起，我就沉迷于虚构故事，因为我的职业让我对这种现象非常敏感。而有时，我一直注意着小说王国是如何溢出于文学、电影与艺术等原本被划定的虚构的范畴。或许因为这是不可阻挡的必然，人类会尝试以任何一种可能的方式或甚至无法想象的渠道来寻求慰藉，虚构出现在每一个方面，包括宗教、科学，以及那些显然对它有最佳抵抗力的活动当中。政治，特别在像是秘鲁这样的国家，无知与热情占了如此重要的角色，而这正是虚构、幻想扎根的肥沃土壤。在选举的过程当中，我在许多的场合确认了这一点……（1993：361）。

小说家略萨充分地利用了这些场合，破坏了政治家略萨的总统参选：他要为所有的选举演说承担罪名，这些演讲稿应该要交由政治的略萨而非文学的略萨来传达，而略萨所传达的那些演说完全是救世主式的、大天使式的贞洁，实质上是被神选中的、清教徒式节欲的且激烈的，然而不幸的是，这对于持续在他文学作品当中无异议地被选出的那些恶魔的现实（同时也包含非现实）而言，是古怪而不协调的。森特诺（Imelda Centeno，1993）评论了这一点：

他是在一场史诗般的斗争当中攻击风车的堂吉诃德，在他的虚构现实里创造了他的文学与反共产想象。他谈及的主题以及他谈论的方式，都让他日渐远离人民的象征需求；虚构现实的生成最后是以虚构取代现实的结果告终，这次的重造是来自反共产的恐惧，以及对他自己传达对象的文化与环境的完全不了解，换句话说，单纯就是对秘鲁历史与文化现实的无知。

结语

根据弗洛伊德的理论，如果我们将幻想理解为欲望的表达，不难看出为什么成年人需要隐藏它们。承认自己有欲望就是承认自己没有获得满足：它意味着一种对需要的认可。每当包含在理想自我（ideal ego）之中的抱负与个人的成就之间出现失衡，幻想便会显现。在公众面前承认这样的幻想意味着对自己施加了一个自恋的伤害。相反的事情发生在儿童身上，在他们身上外在现实尚未有强加其证据的力量。孩童的欲望还没有从他的局限当中分离开来，至少没有以一种确切且完全的方式。孩子在玩耍当中扮演拿破仑——假使在他的游戏当中，他是拿破仑——他允许自己奢侈地接受他真的不是拿破仑，因为无论是以怎样的方式，他也许会把在某一天成为拿破仑的希望仍保留着。而另一方面，成人已经知道他自己绝对不会是拿破仑，而如果无论如何他仍梦想着成为拿破仑（或者是在他的梦境当中他是拿破仑），他会将他的幻想隐藏在最保守的秘密当中。另外一个例子则是诗人，他将他的幻想掏空，转为一种中间事物，他的作品便是如此，这样他就可以将自己与他自身的欲望拉开距离并且争辩，譬如说不是他自己想要而是他的角色之一想要成为拿破仑。

在《仆人的梦》当中，我们发现了中间媒介的最佳典范。在那里，为了描述一个故事，或者更确切地说，为了讲述一个说给他听的梦境，阿格达斯转而求助于其他的中间媒介——一位画家与一位人类学家——通过这种方式，一方面，他将自己与来自于自身精神世界的事物隔离开来；另一方面，他同时强化了那种距离，因为描述的东西是由另外一个人的梦境所组成的。这种距离，在诉说梦境的故事当中无尽地被延伸，促成了阿格达斯既个体又普遍的欲望得以实现：维护弱小者，即使（暂时的）只发生在梦里。在整个文学历史当中，这样的动机已经得到了相当丰富的阐述，吸收了阿格达斯的世界当中特殊的特点。这样的理解是能够让人接受的，年轻的阿格达斯，身为盖楚瓦语的使用者，他承受着进入地主世界（父亲的世界）的跨文化的痛苦过程，通过故事这一媒介，将他自己从寻求报复父亲的欲望当中解脱出来。不幸的是，无论是他文学作品的普遍现实，还是他通过塑造角色而实现的个人欲望，均尚显不足。显然，在他幻想的现实世界与他现实的幻想世界之间，有着一种无法逾越的距离，甚至对艺术家而言亦如此。难道阿格达斯的自杀不正证明了这一点吗？

从另外一个角度来看，略萨的小说同样无法提供给他足够的满足，以避免拿虚构换取现实的尝试。因此，他进入政治圈的举动可以被视为一种无法抗拒的迫切需求，令他不通过中间媒介而将救世主式的幻想行动化。这样看来，他作为一位政治家的失败，显示了他的幻想与这些幻想尝试去实现的现实之间，有着致命性的差异。我们面对的失败，不是来自于任何一位寻常政客，而是一位懂得如何在现实的领域当中主宰虚构的人。略萨没有像阿格达斯一样结束自己的生命，但是他的确终结了他的政治生涯。无论如何，"真的"实现艺术家幻想的可能性，显然再一次地被限制在他的想象世界当中——仿佛要超越那现实，可能只是种虚构。

---

一个人不会仅仅为了一个原因而写作，而是依据作者的生命阶段与精神状态，有着诸多不同的理由。就我个人而言，我写是因为它是我唯一喜

欢做的事情；因为它是我所能提供的最为私人的事物（而在其中我无法被取代）；因为它将我从一系列的紧张、忧郁、抑制当中解放出来；出于习惯；为了去发现、了解某种靠书写而非思考所揭示的事物；为了完成一段美丽的词句；为了将逝去的瞬间转换为难忘的事物，虽然只有对我而言是如此；为了惊讶地看到一个世界从一个人在纸上画出的一系列常规符号链中浮现；为了愤怒，为了虔诚，为了乡愁，以及为了更多的事情（Ribeyro, 1993：2）。

## 参 考 文 献

Arguedas, J. M. 1970. El sueño del pongo. Lima: Editorial Mejía Baca.
Crisanto, C. 1991. Arte y psicoanálisis. In *El múltiple interés del psicoanálisis—77 años después*, ed. M. Lemlij. Lima: Biblioteca Peruana de Psicoanálisis.
Freud, S. 1900. *The interpretation of dreams. S.E.* 4.
———. 1905. *Psychopathic characters on stage. S.E.* 7.
———. 1907. Delusions and dreams in Jensen's *Gradiva. S.E.* 9.
———. 1908. Creative writers and day-dreaming. *S.E.* 9.
———. 1910. *Leonardo da Vinci and a memory of his childhood. S.E.* 11.
———. 1913. *Totem and taboo.* S.E. 13.
Guardia Mayorga, C. 1971. Diccionario Kechwa-Castellano, Castellano-Kechwa. Lima: Editorial Los Andes.
Mariategui, J. C. 1926a. La realidad y la ficción. In *Perricholi* (Lima), 25 March 1926.
———. 1926b. El "Freudismo" en la literatura contemporánea. In *Variedades* (Lima), 14 August 1926.
Masson, J. E., ed. 1985. *The complete letters of Sigmund Freud to Wilhelm Fliess: 1887–1904.* Cambridge, Mass.: Harvard University Press.
Nitschak, H. 1991. Literatura y psicoanálisis. In *El múltiple interés del psicoanálisis*, ed. M. Lemlij. Lima: Biblioteca Peruana de Psicoanálisis.
Palma, R. 1890. *Tradiciones peruanas completas.* Madrid: Aguilar, 1968.
Ribeyro, J. R. 1993. Julio Ramón Ribeyro: La hegemonía de la voz. In *La casa de Cartón de Oxy, II Epoca*, no. 1. Lima.
Rios, J. 1993. *Sobre mi propia vida: Diario, 1940–1991.* Lima, Juan Ríos SUC.
Scorza, M. 1973. Personal communication.
Spitz, E. H. 1985. A critique of pathography: Freud's original psychoanalytic approach to art. In *Essential papers on literature and psychoanalysis*, ed. E. Berman, 238–61. New York: New York University Press, 1993.
Steiner, G. 1976. A note on language and psychoanalysis. *Int. Rev. Psycho-Anal.* 3:253–58.
Vargas Llosa, M. 1966. *La casa verde.* Barcelona: Seix Barral.
———. 1969. *Conversación en la catedral.* Barcelona: Seix Barral.
———. 1971. *Historia secreta de una novela.* Barcelona: Tusquets Ed.
———. 1975. *La orgía perpetua.* Barcelona: Seix Barral.

———. 1977. *La tía Julia y el escribidor*. Barcelona: Seix Barral.
———. 1988. In Movimento Libertad, *Primer ciclo de conferencias*. Vols. 1–2. Lima: Pro-desarrollo Ed.
———. 1993. *El pez en el agua*. Barcelona: Seix Barral.
Vega Centeno, I. 1993. La redención por la cultura: Vargas Llosa y el Fredemo. In *Simbólica y política: Peru 1978–1993*, 50–67. Lima: Fundación Friedrich Ebert.

# 专业名词英中文对照表

| | |
|---|---|
| aesthetic pleasure | 美学的愉悦 |
| aesthetic satisfaction | 美学满足 |
| autoerotism | 自体情欲 |
| childhood seduction | 童年引诱 |
| condensation | 凝缩 |
| conscious daydreams | 意识的白日梦 |
| day residue | 日间残余 |
| depressive position | 忧郁心理位 |
| displacement | 置换 |
| ego ideal | 自我理想 |
| erotic transference | 情欲性移情 |
| erotomania | 情欲狂 |
| identification | 认同 |
| incentive bonus | 刺激性激励 |
| incentive pleasure | 激励快感 |
| inter intentionality | 意向间性 |
| infantile amnesia | 婴儿期遗忘 |
| intentionality | 意向性 |
| intersubjectivity | 主体间性 |
| mental apparatus | 精神机构 |
| nonconscious | 非意识 |
| past unconscious | 过去无意识 |
| perceptual identity | 知觉一致性 |
| preconscious | 前意识 |
| present unconscious | 现在无意识 |
| primal phantasy | 原初幻想 |
| primary narcissism | 原发性自恋 |
| primal scene | 最初情景 |
| repression barrier | 潜抑屏障 |
| secondary revision | 次级修正 |

| | |
|---|---|
| self-preservative instinct | 自我保护本能 |
| self-representation | 自我表征 |
| sexual instinct | 性本能 |
| symbolization | 象征 |
| thing-presentation | 事物呈现 |
| unconscious phantasy (fantasy) | 无意识幻想 |
| word-presentation | 文字呈现 |